センナ・メリディオナリス

Contents

本書の使い方 ……………………… 4

魅惑のコーデックス …… 5

際立つ形のおもしろさ！ …………… 6
コーデックスの分布 ……………… 8
コーデックスの楽しみ方 ………… 10
コラム 綴化の魅力 ……………… 12

手に入れたい、育てたい
コーデックス図鑑 …… 13

ユーフォルビア属 ………………… 14
パキポディウム属 ………………… 19
オトンナ属 ………………………… 24
モンソニア属 ……………………… 26
ペラルゴニウム属 ………………… 28
チレコドン属 ……………………… 30
その他の属 ………………………… 32

12か月栽培ナビ …… 51

年間の作業・管理暦（夏型、春秋型）……… 52
年間の作業・管理暦（冬型、生育型について）……… 54
1月 ………………………………… 56
2月 ………………………………… 58
3月 ………………………………… 60
4月 ………………………………… 62
5月 ………………………………… 64
6月 ………………………………… 66
7月 ………………………………… 68
8月 ………………………………… 70
9月 ………………………………… 72
10月 ……………………………… 74
11月 ……………………………… 76
12月 ……………………………… 78

12か月栽培ナビ
作業編

- 植えつけ ……………………………… 80
- 植え替え(鉢増し) …………………… 81
- 株分け ………………………………… 82
- さし木 ………………………………… 84
- さし木(かき子) ……………………… 85
- さし木(鱗片ざし) …………………… 86
- 人工授粉 ……………………………… 87
- タネまき ……………………………… 88
- つぎ木 ………………………………… 90
- 仕立て直し …………………………… 91

自生地の
コーデックス

- 写真構成 冷涼な乾燥地から灼熱の砂漠まで！ ……… 92
- コラム 古くて新しい 趣味と固有種保護問題 ……… 97

主な害虫と
生理障害＆対策

- 害虫 …………………………………… 98
- 生理障害 ……………………………… 99

コーデックス栽培の
ABC

- 生育型、置き場、水やり ……………… 100
- 肥料、鉢、用土、あれば便利な道具 …… 102

コーデックス栽培
Q&A

- 休眠期は必ず断水？、葉先が枯れ込む ほか ……… 104
- 塊茎が腐ってきた、塊茎がへこんでしまう ほか ……… 106
- 未発根株の扱い方、用土の中の乾き具合を知る方法 ……… 108

- 用語解説 ……………………………… 109
- コーデックス種名索引 ………………… 110
- コーデックス・ショップ一覧 ………… 111

[本書の使い方]

本書はコーデックスの栽培に関して、1月から12月の各月ごとに、基本の手入れや管理の方法を詳しく解説しています。また主な原種・品種の写真を掲載し、その自生地や特徴、管理のポイントなどを紹介しています。

魅惑のコーデックス
→5～12ページ
世界におけるコーデックスの主な分布や自生地の環境、楽しみ方などを紹介しています。

コーデックス図鑑
→13～50ページ
人気種から希少種まで約100種類について写真で紹介。それぞれの学名や主な自生地、栽培の注意点に関する解説なども付しました。

12か月栽培ナビ
→51～91ページ
各月の基本の手入れと栽培環境・管理について、「夏型」「春秋型」「冬型」の3つの生育型別に解説。主な作業の方法は80～91ページにまとめました。

自生地のコーデックス
→92～97ページ
コーデックスの主要な自生地である南アフリカとマダガスカルの様子を、写真と簡潔な解説で紹介。

主な害虫と生理障害＆対策
→98～99ページ
コーデックスの栽培に際して注意すべき害虫と生理障害、対策について紹介しています。

コーデックス栽培のABC
→100～103ページ
コーデックスの栽培に際して知っておくべき置き場、水やり、肥料や用土など、栽培の基本を解説。

コーデックス栽培Q&A
→104～108ページ
コーデックスの栽培でつまずきやすいポイントをQ&A形式で解説。

[ラベルの見方]

Euphorbia bupleurifolia

❶
ユーフォルビア・
ブプレウリフォリア
(鉄甲丸)
てっこうまる

❷
❸

● トウダイグサ科ユーフォルビア属 ❹
● 南アフリカ・東ケープ州、
　クワズール・ナタール州 ❺
● 冬型／5℃／★★★★☆
左から ❻❼❽

標高の高い乾燥した草原に自生。松かさのような黒褐色の幹がおもしろい。成長は遅く、最大でも高さ20cm程度。雌雄異株。蒸れると根腐れを起こしやすいので、特に夏は風通しのよい場所で管理する。

❶ 学名
❷ 学名のカタカナ表記(ある場合は、園芸名も)
❸ 自生地の環境、特徴、栽培の注意点など
❹ その種が属する科名・属名
❺ その種の主な自生地
❻ 生育型を「夏型」「春秋型」「冬型」の3つに分けて表示
❼ 冬越しに必要な最低温度をおおまかに
　 5℃、10℃、15℃の3パターンで表示
❽ 栽培難易度を5段階で表示(★の数が多いほど難しい)

●本書は関東地方以西を基準にして説明しています。地域や気候により、生育状態や開花期、作業適期などは異なります。また、水やりや肥料の分量などはあくまで目安です。植物の状態を見て加減してください。
●種苗法により、品種登録されたものについては譲渡・販売目的での無断増殖は禁止されています。また、品種によっては、自家用であっても増殖が禁止されていることもあるので、さし木や株分けなどの栄養繁殖を行う場合は事前によく確認しましょう。

Chapter 1

魅惑のコーデックス

コーデックスとは？

株全体に対して根や茎が不釣り合いなほど肥大している多肉植物を総称してコーデックスと呼びます。「塊根植物」あるいは「塊茎植物」とも称されます。「イモ」という俗称もある肥大した塊根や塊茎の多くは、乾燥した厳しい環境で生きていくために水分や栄養分を蓄えるよう進化したものです。その形状はいずれも個性的で、種類によって、あるものはぽってりとした微笑ましい姿で、またあるものはごつごつした野性味ある姿で私たちを魅了します。

ユーフォルビア・ポリゴナ 'スノーフレーク'

際立つ形のおもしろさ！

check! 1

ぽってりとした壺

コーデックスと聞いたときに真っ先に思い浮かぶのが、塊根や塊茎が大きくて丸く、かわいらしい種類。パキポディウム、アデニア、クッソニア、キフォステンマなど。

↑パキポディウム・グラキリウス（詳細は23ページ）

check! 3

姿かたちが特にユニーク

おもしろい株姿をしていたり、とげや突起をもっていたり、独特な形の花を咲かせたりするもの。ユーフォルビア、アロエ、ドルステニア、ラリレアキア、プセウドリトスなど。

↑ユーフォルビア・ステラータ（詳細は18ページ）

check! 2

まるで盆栽です

茎が木質化して自然に盆栽のような姿になる種類や、枝がよく分枝し盆栽風に仕立てることができるもの。オトンナ、ペラルゴニウム、チレコドン、コミフォラ、オペルクリカリアなど。

↑ペラルゴニウム・トリステ（詳細は29ページ）

check! 4

花だって楽しめる

塊根や塊茎に加え、花も美しく観賞価値があるもの。パキポディウム、モンソニア、ペラルゴニウム、アボニア、アデニウム、プテロディスクス、シンニンギア、ウンカリーナなど。

↑モンソニア・バンデリエチアエ（詳細は27ページ）

コーデックスは、塊根や塊茎の丸々とした形をはじめ、
その木肌、花、葉などが、他の草花とは異なる
独特の様相を見せてくれる点が大きな魅力です。
その一例をご紹介します。

check! 5
葉の美しさなら負けません

塊根や塊茎に加え、葉の色や模様、質感が美しく観賞価値があるもの。ペラルゴニウム、ベイセリア、フィカス、モナデニウム、ペトペンチア、ザミアなど。

↑ザミア・フルフラケア（詳細は50ページ）

check! 7
球根も愛でたい

観賞価値のある鱗茎をもち、園芸的には球根植物としても扱われるもの。ボウイエア、ブーフォネ、キルタンサス、レデボウリアなど。

↑ボウイエア・ボルビリス（詳細は36ページ）

check! 6
飄々とつるは踊る

茎が長く伸びて自立せず、つるで巻きついたり、巻きひげを絡ませて成長するもの。アデニア、ボウイエア、ディオスコレア、フォッケア、ゲラルダンサス、ペトペンチアなど。

↑ディオスコレア・エレファンティペス（詳細は41ページ）

栽培は難しくない

コーデックスは扱いが難しい植物のように思われがちです。しかし大きな塊根や塊茎に水分や養分を蓄えられるので、一般的な草花に比べると、水や肥料をさほど要求しません。病気や害虫の心配も少なく、置き場の光や温度、水やりのポイントさえ押さえれば栽培は比較的簡単です。成長の遅い種類が多く、樹齢数十年でも小さいままのものもあり、身近に置いて長くつき合っていけるのも魅力の一つです。

7

コーデックスの分布

世界の主なコーデックス自生地

世界の主なコーデックスの自生地と、そこに分布する種類の名前を、本書掲載のコーデックスを中心に示しています。

❶ カナリア諸島（スペイン）
ユーフォルビア・カナリニンシスなど

❷ ナミビア
ペラルゴニウム・ミラビレ、チレコドン・ブッコルジアヌスなど

❸ 南アフリカ
右ページ参照

❹ マダガスカル
右ページ参照

❺ 東アフリカ、アラビア半島南部
アデニウム・アラビクム、コミフォラ・カタフ、コラロカルプス・グロメルリフロ!ルスなど

❻ ソコトラ島（イエメン）
ドルステニア・ギガスなど

❼ 東南アジア
フィルミアナ・コロラータ、フィランサス・ミラビリスなど

❽ アメリカ南西部、メキシコ
ベイセリア・メキシカーナ、ブルセラ・ファガロイデス、フィカス・ペティオラリス、フォークイエリア・プルプシー、ヤトロファ・カサルティカ、プセウドボンバックス・エリプティクム、ザミア・フルフラケア、ザミア・フロリダーナなど

❾ ブラジル東南部
シンニンギア・ブラータ、シンニンギア・レウコトリカなど

コーデックスは世界の熱帯から温帯に見られますが、その大半が極端な乾燥地帯や寒暖差の大きな地域など、厳しい自然環境のなかに自生しています。なかでも多くの種類が自生している地域として、南アフリカとマダガスカルが挙げられます。コーデックスがどのような気候風土のもとでどのように自生しているのかを知ることは、栽培のヒントになります。

南アフリカ

南アフリカは多肉植物の宝庫です。コーデックスではオトンナ、チレコドン、ペラルゴニウム、モンソニア、ユーフォルビアなどの多くが自生し、「ケープバルブ」と呼ばれる球根植物（ブーフォネやキルタンサスなど）も多数見られます。気候は1年を通じて温暖で、日照時間が長く乾燥地帯が多いのが特徴。ただし地域ごとに異なり、大西洋側のごく沿岸部は寒流の影響で夏でも高温にならず、冬に雨が多くなります。内陸部は乾燥し、中央高地では冬は氷点下になることも。一方、インド洋側は夏に雨が降り、暖流の影響で一年中暖かです。

マダガスカル

マダガスカルは世界でも有数の大きな島。固有の動植物が多数生息し、独自の生態系が残されています。全土が熱帯に属しますが、島を南北に走る標高2000mを超える高原が風を遮るため、地域により気候が異なります。中央部の高原は熱帯山岳気候で、赤道近くにもかかわらず冬は10℃を下回ることも。東部は年間降水量2000〜3500mmと多雨、西部は乾季と雨季があり、年間降水量は少なめです。植物ではバオバブが有名ですが、15種以上のパキポディウムも自生し、オペルクリカリアやユーフォルビアなども見られます。

ステップ気候、砂漠気候、地中海性気候
ユーフォルビア・オベサ、パキポディウム・ナマクアナム、オトンナ・ユーフォルビオイデス、モンソニア・バンデリエチアエ、チレコドン・ブッコルジアヌス、ブーフォネ・ディスティカ、キフォステンマ・ユッタエなど

サバナ気候、ステップ気候、砂漠気候
ユーフォルビア・デカリー、パキポディウム・ラメレイ、ディディエレア・マダガスカリエンシス、オペルクルカリア・デカリーなど

熱帯雨林気候
パキポディウム・ウィンゾリーなど

温暖冬季少雨気候、西岸海洋性気候
ブーフォネ・ディスティカ、ディオスコレア・エレファンティペス、ラリレアキア・カクティフォルミスなど

温暖冬季少雨気候
パキポディウム・ブレビカウレ、パキポディウム・デンシフローラム、パキポディウム・グラキリウスなど

コーデックスの楽しみ方

窓辺の光が回り込む飾り台に2鉢並べて置いたヤトロファ・カサルティカ（錦珊瑚）。緑色の繊細な葉と小さな赤花が漆喰の白壁に映える。

窓辺に置いたユーフォルビア・ステラータ（飛竜）。種類にもよるが、室内で楽しむ場合はできるだけ日当たりのよい場所で管理する。

直径30cmほどの大鉢に植えたパキポディウム・サウンデルシー（白馬城）。庭の一角に置いて直射日光に当てている。コーデックスの多くは、このようにできるだけ日当たりのよい場所で育てる。

コーデックスの魅力は、丸く太った塊茎やどっしりした塊根の存在感。そして他の植物にはないユニークな株姿。したがって寄せ植えにすることは少なく、1株ごとに鉢植えにして楽しむのが一般的です。季節ごとに置き場に気を遣うものが多く、室内で冬越しさせる種類が大半である点からも、1株ずつの鉢植えが前提になります。

焼き締めの鉢に植えつけたケラリア・ピグマエア。コーデックスには姿形がユニークなものが多いので、好みの鉢と組み合わせてみるのも楽しい。

日の当たるデッキに3鉢を並べた。コーデックスには真夏の暑さに強いものが比較的多いので、直射日光の当たる場所でもあまり気を遣うことなく楽しめる。手前右から時計回りに、ユーフォルビア・ホリダ、パキポディウム'タッキー'、ペラルゴニウム・トリステ。

1〜2日間であれば日の当たらない場所で楽しんでもよい。観賞後は戸外の日なたに戻すのが原則。写真の株はキフォステンマ・バイネシー（葡萄盃）。

Caudiciforms Column

綴化の魅力
(てっか)

　植物の茎の成長は、茎の先端にある成長点（茎頂分裂組織）が分裂することによって起こります。

　通常、成長点は茎の先端に1か所ありますが、ときに異常を起こし、成長点がいくつも連なってできることがあります。すると、本来は細い円柱状に伸びる茎が帯状に広がったり、いくつもの枝が帯状に癒合したような姿になったりします。

　これを綴化（あるいは帯化、石化）といいます。草花のトサカケイトウの花序は綴化が常態化したものです。
(たいか　せっか)

　綴化はさまざまな植物に見られ、コーデックスでも例外ではありません。もともと変わった姿をした種類の多いコーデックスが、さらに珍奇な姿になります。注意深く探せば園芸店や多肉植物の専門店で見かけることがあります。興味があればコレクションに加えてみてはどうでしょうか。

上／ユーフォルビア・スザンナエの正常な株（左）、若い綴化株（中）、成長した綴化株（右）。正常な株は球形の体を覆うとげが密集した部分の奥に成長点がある。成長した綴化株は左上部の縁に成長点の連なりが走っているのがわかる。

下／パキポディウム・デンシフローラムの正常な株（左）と綴化株（右）。正常な株は、株元の塊茎から太い枝を伸ばし、まばらに分枝してその枝先に葉を5〜6枚かためてつける。綴化した右の株は枝が伸びず、塊茎に連なる成長点それぞれに小さな葉がついている。花は咲いたことがない。

手に入れたい、育てたい

Chapter 2

コーデックス図鑑

ユーフォルビア属

Euphorbia

トウダイグサ科の大きなグループで、熱帯・亜熱帯を中心として全世界に広く分布し、約2000種が知られる。分布域が広いので、その姿形は様々に変化し、乾燥地に生育するものには多肉植物も多い。生育型も様々。雌雄異花同株のものと雌雄異株のものとがあり、どちらも杯状花序と呼ばれるユーフォルビア属特有の花をつける。茎や葉を傷つけると出る白い乳液はアルカロイドを含むので、触れないように注意する。

Euphorbia bupleurifolia

ユーフォルビア・ブプレウリフォリア（鉄甲丸）

- トウダイグサ科ユーフォルビア属
- 南アフリカ・東ケープ州、クワズール・ナタール州
- 冬型／5℃／★★★★☆

標高の高い乾燥した草原に自生。松かさのような黒褐色の幹がおもしろい。成長は遅く、最大でも高さ20cm程度。雌雄異株。蒸れると根腐れを起こしやすいので、特に夏は風通しのよい場所で管理する。

Euphorbia canariensis

ユーフォルビア・ カナリエンシス （墨キリン）	●トウダイグサ科
	ユーフォルビア属
	●スペイン・カナリア諸島
	●夏型／5℃／★☆☆☆☆

岩場や砂礫地に自生する。根元からよく分枝し、高さ2～3m、大株は周囲10mに達するという。稜の背に並ぶとげが昆虫の頭のようにも見えておもしろい。丈夫で、ユーフォルビア類の台木にも使われる。

Euphorbia cylindrifolia

ユーフォルビア・ キリンドリフォリア （筒葉ちび花キリン）	●トウダイグサ科
	ユーフォルビア属
	●マダガスカル・トゥリアラ州
	●夏型／5℃／★☆☆☆☆

乾燥した林床などに自生。塊根から多肉質の枝を斜め横方向に伸ばす。成熟しても塊根の直径は大人の拳ほど。細根を枯らさないよう休眠中も軽く水やりを。さし木でふやせるが、観賞に値する塊根はできにくい。

Euphorbia decaryi var. spirosticha

ユーフォルビア・ デカリー・ スピロスティカ	●トウダイグサ科
	ユーフォルビア属
	●マダガスカル南部
	●夏型／10℃／★☆☆☆☆

地中の小さな塊根から多肉質の枝を出し、地面を這うように伸ばす。葉縁が表側に巻き込むように波打ち、休眠期に葉が褐色になると株全体が枯れているように見える。さし木でふやせるが、塊根は太らない。

Euphorbia 'Gabisan'

ユーフォルビア 峨眉山（がびさん）	●トウダイグサ科
	ユーフォルビア属
	●種間交雑種
	●夏型／5℃／★☆☆☆☆

ユーフォルビアの別種どうしを交配したとされる日本生まれの品種。小さな丸い岩稜が連なったような姿と鮮やかな緑葉の対比が見事で人気が高い。栽培は容易だが、水のやりすぎに注意。

Euphorbia globosa

**ユーフォルビア・
グロボーサ
(玉鱗宝)**
（ぎょくりんぽう）

- トウダイグサ科
- ユーフォルビア属
- 南アフリカ・東ケープ州
- 夏型／5℃／★★☆☆☆

乾燥した荒れ地や丘の斜面などに自生。塊茎から球形の枝を出し、玉が積み重なったような姿になる。花もキクのようでおもしろい。枝を球形に維持するにはよく日に当てて風通しをよくし、水と肥料は控えめに。

Euphorbia gorgonis

**ユーフォルビア・
ゴルゴニス
(金輪際)**
（こんりんざい）

- トウダイグサ科
- ユーフォルビア属
- 南アフリカ・東ケープ州
- 夏型／5℃／★☆☆☆☆

乾燥した草原などに自生。「タコもの」の人気種で、種小名はギリシャ神話に登場する頭にヘビが生えた女の怪物に由来する。大株でも直径は20cm程度。日によく当てて徒長を防ぐ。丈夫で初心者にも向く。

Euphorbia tulearensis

**ユーフォルビア・
トゥレアレンシス**

- トウダイグサ科
- ユーフォルビア属
- マダガスカル・トゥリアラ州南部
- 夏型／10℃／★★★☆☆

海岸に近い岩場や乾燥林に自生。希少な小型種で、塊根の直径は古株でも乳幼児の拳ほど。縁の縮れた葉が密生する短い枝を多数伸ばす。強い光を避けてできるだけ風通しをよくし、水と肥料は控えめに。

Euphorbia obesa ssp. *obesa*

**ユーフォルビア・
オベサ
(麒麟玉)**
（きりんぎょく）

- トウダイグサ科
- ユーフォルビア属
- 南アフリカ・東ケープ州
- 夏型／5℃／★★☆☆☆

球形ユーフォルビアの代表種。藪と砂礫の丘陵に自生。小さいうちは球形だが、成熟すると縦に伸び、下部は木化する。雌雄異株。球形を維持したいならよく日に当てる。他のユーフォルビアよりも水は控えめに。

Euphorbia gamkensis

ユーフォルビア・ガムケンシス

- トウダイグサ科 ユーフォルビア属
- 南アフリカ・西ケープ州
- 夏型／5℃／★★☆☆☆

高原の荒れ地に自生する。「タコもの」（タコの足を想起させる姿をした種の総称）の小型種で、塊茎は大きくなっても5〜6cm。成長は遅いが、整った姿になる。水やりはほかより控えめにし、冬は断ズ気味に。ハダニに注意。

Euphorbia meloformis ssp. valida

ユーフォルビア・バリダ（万代）

- トウダイグサ科 ユーフォルビア属
- 南アフリカ・東ケープ州
- 夏型／5℃／★★☆☆☆

やや標高の高い乾燥した草原の岩礫地に自生する。球形のユーフォルビアで、普通は単頭で育ち、群生しない。とげのように見えるのは、稜に沿って咲いた花のあとに残った花柄。雌雄異株なので、タネをとるなら雌株と雄株が必要。

Euphorbia obesa ssp. *symmetrica* f. *prol'fera*

ユーフォルビア 子吹き シンメトリカ

- トウダイグサ科 ユーフォルビア属
- 園芸品種
- 夏型／5℃／★★☆☆☆

E.オベサの扁平に育つ変種シンメトリカのモンストロース品種。monstroseとは不定芽が多数つくことを指し、稜の部分に子株がたくさんつく。子株を外してさし木でふやせる。休眠期は断水気味に管理。

Euphorbia polygona 'Snowflake'

ユーフォルビア・ ポリゴナ 'スノーフレーク'

- トウダイグサ科 ユーフォルビア属
- 園芸品種
- 夏型／5℃／★★☆☆☆

基本種は南アフリカ原産。'スノーフレーク'はロウ細工のような美しい白肌が特徴。雌雄異株。頭の上から水をかけると肌が汚れるので、水やりは株元に。日光不足だと形が崩れやすいのでよく日に当てる。

Euphorbia stellata

ユーフォルビア・ ステラータ （飛竜）

- トウダイグサ科ユーフォルビア属
- 南アフリカ・東ケープ州
- 春秋型〜冬型／5℃／★★☆☆☆

乾燥した砂礫地に自生する。自然の状態では、地中の塊根の先端から両側にとげを並べた平たい枝を波打つように伸ばす。塊根は白く、日焼けに注意。埋めて栽培したほうが早く肥大する。水は控えめに。

Euphorbia trichadenia

ユーフォルビア・ トリカデニア

- トウダイグサ科 ユーフォルビア属
- 南アフリカ、ジンバブエ、マラウイ
- 夏型／10℃／★★☆☆☆

砂礫の多い平原に自生。ユーフォルビアにはまれなとっくり形の塊根は、古株では直径20cmほどになる。白っぽい塊根の肌理も、奇妙な形の花も魅力的。塊根を早く太らせたいなら用土に埋めて栽培する。

パキポディウム属

Pachypodium

壺形やボトル形など独特のフォルムと黄色や白などの美しい花で、コーデックスのなかでも特に人気が高いグループ。約20種あるが、大半がマダガスカルの固有種で、アフリカ南部にも数種が分布。乾燥した丘陵の岩場や平原に自生する。ほとんどは夏型で、春の芽吹き、開花、冬の落葉と1年を通して変化が楽しめる。日光を好むので、特に生育期はなるべく戸外で直射日光に当てる。秋に落葉し始めたら水やりを減らし、冬は断水する。

Pachypodium baronii var. windsorii

パキポディウム・ウィンゾリー

- キョウチクトウ科キョウチクトウ亜科パキポディウム属
- マダガスカル・アンツィラナナ州
- 夏型／15℃／★★★☆☆

岩山の崖などに自生。鮮やかな赤花を咲かせる小型種で、深紅の花を咲かせる希少種P.バロニーの変種。成長が非常に遅い。パキポディウムのなかでも特に寒さに弱い。間延びしないよう肥料は控えめに。

Pachypodium bispinosum

パキポディウム・ビスピノーサム
- キョウチクトウ科キョウチクトウ亜科パキポディウム属
- 南アフリカ・東ケープ州南端
- 夏型／5℃／★★☆☆☆

石の多い平原などに自生。ボトル状にふくらんだ薄茶色の塊茎は、自然の状態では大半が地中に埋まっている。自生地は冬期に気温が0℃近くまで下がることもあり、パキポディウムのなかでは耐寒性が強い。

Pachypodium brevicaule

パキポディウム・ブレビカウレ（恵比寿笑い）
- キョウチクトウ科キョウチクトウ亜科パキポディウム属
- マダガスカル中央高地
- 夏型／5℃／★★★☆☆

標高の高い岩場の裂け目などに自生する。成長は極めて遅く茎はあまり伸びず扁平に育つ。蒸し暑さにやや弱い。花は黄色で春咲き。根腐れしやすいので、P.ラメレイなどを台木に、つぎ木で栽培されることも。

Pachypodium densiflorum 'Tucky'

パキポディウム 'タッキー'
- キョウチクトウ科キョウチクトウ亜科パキポディウム属
- 園芸品種
- 夏型／10℃／★★★☆☆

P.デンシフローラムの縮れ葉を選抜した日本生まれの品種。縮れた葉は肉厚で幹が少しでこぼこし、とげは短め。性質などは基本種と変わらないが、成長は非常に遅い。大きくなるにしたがって風格が増す。

Pachypodium inopinatum

パキポディウム・イノピナツム
- キョウチクトウ科キョウチクトウ亜科パキポディウム属
- マダガスカル中央高地
- 夏型／5℃／★★☆☆☆

標高1000m以上の岩場などに自生する。黄色の花を咲かせるP.ロスラツムの変種とされることもあるが、本種の花は白。寒さには比較的強い。暑さにも強いが、夏は蒸れに注意。生育期の水やりは多めに。

Pachypodium 'Ebisu-Daikoku'

パキポディウム　恵比寿大黒
- キョウチクトウ科キョウチクトウ亜科パキポディウム属
- 種間交雑種
- 夏型／10℃／★★☆☆☆

花を見ると、パキポディウムの複数の種を交配し作出されたと考えられる。そのため、ずんぐりしたり背が高くなったり、株によって姿形は様々に変化する。とても丈夫で初心者にもおすすめできる。

Pachypodium Ito Hybrid

パキポディウム　伊藤ハイブリッド
- キョウチクトウ科キョウチクトウ亜科パキポディウム属
- 種間交雑種
- 夏型／5℃／★★☆☆☆

愛知県の故伊藤隆之氏が作出した、P.デンシフローラム、P.ホロンベンセ、P.ロスラツムの三元交雑種。花や株の形、分枝の仕方に個体差があり、株の素質が見られるのは、ある程度大きくなってからになる。

Pachypodium namaquanum

**パキポディウム・
ナマクアナム
（光堂）**
<small>(ひかりどう)</small>

- キョウチクトウ科キョウチクトウ亜科パキポディウム属
- 南アフリカ・北ケープ州、ナミビア
- 春秋型〜冬型／10℃／★★★★☆

大型種で、自生地では高さ4mになることもある。幹にびっしり生えている細長く鋭いとげが大きな特徴。夏に新葉を出し、冬から春にかけて成長する。水やりのタイミングが難しく、栽培難易度が高い。

Pachypodium lamerei

| パキポディウム・ラメレイ | ●キョウチクトウ科キョウチクトウ亜科パキポディウム属
●マダガスカル南部
●夏型／5℃／★☆☆☆☆ |

乾いた疎林などに自生。自然ではほとんど分枝することなく高さ5〜6mになる。長く鋭いとげをびっしりつけるが、成長すると脱落し、茎の先端部以外はつるっとした肌になる。丈夫で、生育期は雨ざらしでもよい。

Pachypodium makayense

| パキポディウム・マカイエンセ（魔界玉） | ●キョウチクトウ科キョウチクトウ亜科パキポディウム属
●マダガスカル・トゥリアラ州
●夏型／5℃／★★☆☆☆ |

2004年に新種記載されたが、別種の亜種とされることも。もろい砂岩の岩場に自生。大株は大人の両手でひと抱えほどの直径になる。花は黄色だが、中心に白く目が入る。株の表面が褐色がかるのも本種の特徴。

Pachypodium rosulatum var. gracilius

| パキポディウム・グラキリウス（象牙宮） | ●キョウチクトウ科キョウチクトウ亜科パキポディウム属
●マダガスカル南西部の山岳地帯
●夏型／10℃／★★★☆☆ |

パキポディウムで最も人気のある種の一つ。他の種に比べ葉が細く、塊茎がより太くなる。砂岩の岩場などに自生。実生苗は丈夫で育てやすいが、輸入現地株は活着後に突然枯れてしまうことがあるので注意。

Pachypodium densiflorum

| パキポディウム・デンシフローラム（シバの女王の玉櫛） | ●キョウチクトウ科キョウチクトウ亜科パキポディウム属
●マダガスカル中央高地
●夏型／5℃／★★☆☆☆ |

パキポディウムの代表的な原種の一つ。平原や花崗岩の丘陵などに自生。太く鋭いとげが目立つが、成長するにつれて脱落する。枝ぶりなどは個体差が大きい。丈夫で初心者にもおすすめ。休眠期は断水する。

オトンナ属

Othonna

低木または常緑多年草で、南アフリカを中心に140種ほどが知られる。キク科には珍しく多肉植物の多い属で、コーデックスの人気種も含まれる。一見キク科に思えないが、花を見るとわかる。黄色い一重咲きが大半だが白や紫色もあり、舌状花のないものもある。大多数は冬型で、ごく一部が夏型。寒さには比較的強く、関東地方以西では霜や北風を避ければ冬でも戸外で栽培できる種もある。夏は蒸れに注意する。

Othonna euphorbioides

**オトンナ・
ユーフォルビオイデス
（黒鬼城）**

- ●キク科
- オトンナ属
- ●南アフリカ・北ケープ州
- ●冬型／5℃／★★☆☆☆

岩の割れ目などに自生。枝が密に茂った低木状に育ち、成株は高さ30～40cmになる。枝の先端付近に花柄がとげ状に残る。生育期は直射日光に当て、休眠期は断水し、明るい日陰に移して通風を図る。

Othonna herrei

オトンナ・ヘレイ
（蛮鬼塔(ばんきとう)）

- ●キク科
- オトンナ属
- ●南アフリカ・北ケープ州北部
- ●冬型／5℃／★★☆☆☆

極度に乾燥した岩場に自生。葉柄痕がとがったこぶ状になり、幹や枝が独特の様相になる。最大で高さ約30cmになり、株が成熟すると枝は下向きに伸びる。徒長させないよう水は控えめに。寒さに強い。

Othonna lepidocaulis

オトンナ・レピドカウリス

- ●キク科
- オトンナ属
- ●南アフリカ・北ケープ州
- ●冬型／5℃／★★☆☆☆

乾燥した平原や丘の斜面に自生するが、判明している自生地は5か所ほどと限られている。小型種で、成長しても高さ約20cm程度。種小名のレピドカウリスのとおり、幹に鱗状の模様があるのが特徴。

Othonna retrorsa

オトンナ・レトロルサ

- ●キク科
- オトンナ属
- ●南アフリカ・北ケープ州
- ●冬型／5℃／★★☆☆☆

半砂漠の平原や岩場などに自生する。成長すると直径1mほどの大きなドーム状になる。葉が枯れても落ちず、休眠期は枯れ葉の塊に見える。極度の乾燥を好むので徒長させないよう水は控えめに。

Othonna triplinervia

オトンナ・トリプリネルビア

- ●キク科
- オトンナ属
- ●南アフリカ・東ケープ州
- ●冬型／5℃／★★☆☆☆

岩山の崖や藪下などに自生。塊茎は直径30cm、高さ1mほどになる。小株のうちは塊茎は丸いが、成株では様々な形になる。葉には白く太い葉脈が目立つ。春秋型に近く、断水しないと落葉しないこともある。

モンソニア属

Monsonia

日本の山野にも自生するフウロソウ属に近縁で、多くは南アフリカに分布する。今はモンソニア属に統合されたが、本書で紹介しているような多肉質で低木状のタイプは、以前はサルコカウロン属に分類されていた。多肉種は14種ほどあり、南アフリカとナミビアの冬季に雨が降る地域に分布するため、冬に生育し、夏は落葉・休眠する冬型。寒さには強いが、冬は暖かくしたほうがよく成長して体力がつき、夏越しも楽になる。

Monsonia multifida

**モンソニア・
ムルチフィダ
(月界、黒羅摩仏)**

- フウロソウ科モンソニア属
- ナミビア・カラス州南部、南アフリカ・北ケープ州
- 冬型／5℃／★★★☆☆

岩が露出する砂地に自生する。小型種で、成熟しても株張りは20cmほどにしかならない。分枝した太い茎にとげはなく、花色は白〜淡桃、濃桃色まで幅があり、花弁のつけ根は赤い。成長が極端に遅い。

Monsonia vanderietiae

モンソニア・バンデリエチアエ （竜骨扇） りゅうこつせん	● フウロソウ科 モンソニア属 ● 南アフリカ・北ケープ州など ● 冬型／5℃／★★☆☆

岩山や渓谷の斜面に自生。枝はほかのモンソニアに比べて細め。よく分枝して高さ10〜20cm、株張り25cmほどの灌木状に育つ。春に白〜淡桃色の花が咲く。落葉・休眠する夏は風通しのよい日陰で管理。

Monsonia crassicaulis

モンソニア・クラシカウリス	● フウロソウ科モンソニア属 ● 南アフリカ・西ケープ州〜北ケープ州、ナミビア・カラス州南部 ● 冬型／5℃／★★★☆☆

砂礫の多い平原、岩の多い丘陵などに自生する。多肉質の堅い茎には長いとげがたくさん生え、分枝しながら横に広がる。自生地では丈幅とも約50cmまで育つ。春に白〜淡黄色（クリーム色）の花が咲く。

Monsonia herrei

モンソニア・ヘレイ （竜骨城） りゅうこつじょう	● フウロソウ科モンソニア属 ● 南アフリカ・北ケープ州、ナミビア・カラス州南部 ● 冬型／10℃／★★★☆☆

山の斜面に自生。太く堅い茎が多方向に分かれて這うように伸びる。生育期には長いとげ（葉柄の痕跡）の間にシルバーグリーンの繊細な葉を広げる。徒長しないように日当たりや風通しのよい場所で管理。

ペラルゴニウム属

Pelargonium

鉢花として親しまれているゼラニウムやペラルゴニウムが含まれる属で、南アフリカを中心に約230種が知られる。花の美しいものや、精油を含み、葉に触ると芳香を放つものも多い。多年草や半低木の種類が多いが、一部がコーデックスとして栽培される。それらの多くは冬型で、秋から春に葉を出す。生育期は適度に温度を保ち、十分に日光に当てる。初夏に葉が枯れ休眠期に入ったら断水気味にし、明るい日陰で管理する。

Pelargonium mirabile

ペラルゴニウム・ミラビレ

- ●フウロソウ科
- ペラルゴニウム属
- ●ナミビア・カラス州西部
- ●冬型／5℃／★★★☆☆

岩場などに自生し低木状に育つ。黒糖のかりんとうのような茶褐色の枝から銀白色の葉を開く人気種。休眠直前、白地に赤い斑点や条の入った花を咲かせる。落葉時もその独特の枝ぶりがよく見えて楽しい。

Pelargonium carnosum

ペラルゴニウム・カルノスム（枯野葵）

- フウロソウ科ペラルゴニウム属
- 南アフリカ・北＆西＆東ケープ州、ナミビア・カラス州
- 冬型／5℃／★★☆☆☆

乾燥した岩場に自生。多肉質の塊茎からシルバーグリーンのニンジン様の葉を広げる。小花が多数集まって咲き、赤く長い雌しべがかわいい。葉がだらしなく伸びやすいので、風通しを確保し、日によく当てる。

Pelargonium luridum

ペラルゴニウム・ルリダム

- フウロソウ科ペラルゴニウム属
- アフリカ大陸中部〜南部
- 全型／5℃／★★☆☆☆

乾いた草原の岩場などに自生。ささくれた樹皮をまとったような小型の塊根をもち、展開すると葉柄、葉とも30cmほどにもなる。花は薄黄色、白、桃色など。分布域が広く、生育型は自生地によって異なる。

Pelargonium triste

ペラルゴニウム・トリステ

- フウロソウ科ペラルゴニウム属
- 南アフリカ・北ケープ州〜西ケープ州
- 冬型／5℃／★★★☆☆

荒れた斜面などに自生。枯れた木のような風合いの塊根と繊細な葉のギャップが魅力。自然の状態では塊根は地中にあり、葉だけが地面に広がる。塊根を大きくしたければ土に埋めて栽培。夏は蒸れに注意。

チレコドン属

Tylecodon

冬型コーデックスを代表する属で、ナミビアと南アフリカを中心に約50種が分布する。かつてはコチレドン属に含まれていたが、花が上向きに咲き、落葉性で茎がより多肉質なことなどから分離された。小さな塊茎か塊根をもち、成長しても株張りが数cmにしかならないもの、高さ2mになるものなど大きさや形態は多様。すべて冬型で、生育期の冬は日当たりのよい場所で、落葉して休眠する夏は水を控えて明るい日陰で管理する。

Tylecodon pearsonii

チレコドン・ペアルソニー
（白象はくぞう）

- ベンケイソウ科チレコドン属
- 南アフリカ・西ケープ州、北ケープ州、ナミビア・カラス州
- 冬型／5℃／★★☆☆☆

砂礫地に自生する。株元が大きな塊茎となり、太く短い枝を伸ばして、先端に円筒形の多肉質の葉をつける。塊茎は大きくても直径20cm、株の高さは25cm程度。花は休眠中に咲く。極端な寒さは嫌う。

Tylecodon buchholzianus

チレコドン・ブッコルジアヌス

- ベンケイソウ科チレコドン属
- 南アフリカ、ナミビア（オレンジ川下流域）
- 冬型／5℃／★★☆☆☆

急斜面の岩の割れ目などに自生。最大でも高さ20～30cmにしかならない。よく分枝して多くの枝が立ち上がるが、とても折れやすいので注意。夏、休眠中に桃色で縁が白い花を咲かせる。夏は断水する。

Tylecodon reticulatus

チレコドン・レティキュラツス（万物想）

- ベンケイソウ科チレコドン属
- 南アフリカ・北ケープ州、西ケープ州・ナミビア・カラス州
- 冬型／5℃／★★☆☆☆

草や灌木がまばらな砂地などに自生する。肥大した幹は高さ30～60cmになる。花茎や花柄が花後も残り続け、網をかぶせたような姿になる。花は休眠中に咲く。丈の詰まった株にするには水を控えめに。

Tylecodon wallichii

チレコドン・ワリキー（奇峰錦）

- ベンケイソウ科チレコドン属
- 南アフリカ・北ケープ州、西ケープ州・ナミビア・カラス州
- 冬型／5℃／★★☆☆☆

岩山の斜面などに自生する。分枝して高さ50cm以上になる。葉の落ちた痕が幹や枝にいぼ状やとげ状に残り、成長すると迫力ある姿になる。間延びしないよう生育期も水は控えめに。休眠期は完全に断水。

その他の属

Others

コーデックスとは植物の形態的特徴を捉えた呼び名である。植物学的な分類に基づくグループを指すものではないので、そこには様々な科や属の植物が含まれる。多くの種が乾燥地帯に分布しているが、なかには熱帯雨林の岩場などに自生するものもある。ここでは、31ページまでで紹介した科や属に含まれない多様な環境で生き延びるコーデックスのなかから、園芸的に人気のあるものや貴重な種の数々を取り上げる。

Beiselia mexicana

ベイセリア・メキシカーナ

- カンラン科
- ベイセリア属
- メキシコ・ミチョアカン州
- 夏型／10℃／★★★☆☆

1属1種。温暖な石灰岩地の疎林に自生。ごつごつした幹が特徴で、小株と成株では姿が大きく異なり、成株は高さ10mの木になる。徒長の原因になるので生育期も水をやりすぎず、日当たりと風通しを確保。

Adenia glauca
アデニア・グラウカ（幻蝶蔓）

- トケイソウ科アデニア属
- 南アフリカ・リンポポ州、ボツワナ
- 夏型／10℃／★☆☆☆☆

サバンナの岩場に自生。塊茎の上部は緑色、下部は白でくっきり分かれ、最大で直径1mほどになる。つる性で、葉は5つに分かれた掌状。雌雄異株。成長が早いので、水と肥料を控えて育てる。寒さに弱い。

Adenia globosa
アデニア・グロボーサ

- トケイソウ科アデニア属
- ケニア、タンザニア、ソマリア
- 夏型／10℃／★★★☆☆

乾燥した灌木林や荒れた砂礫地などに自生。緑色の塊茎は最大で直径1mほどになり、枝は数mの高さに育つ。枝には大きなとげがあり、葉は出てもすぐに落ちる。雌雄異株。塊茎に強い日光を当てると日焼けする。

Adenia spinosa
アデニア・スピノーサ

- トケイソウ科アデニア属
- 南アフリカ・リンポポ州、ジンバブエ、ボツワナ
- 夏型／10℃／★★☆☆☆

砂礫地などに自生。塊茎は直径1mにもなる。つる状の枝には他の植物を支持体として利用する巻きひげがあり、枯れるととげになって残る。雌雄異株。蒸散を抑えるため、休眠期前に長い枝を剪定してもよい。

Adenium arabicum
アデニウム・アラビクム

- キョウチクトウ科キョウチクトウ亜科アデニウム属
- アラビア半島西部
- 夏型／5℃／★☆☆☆☆

乾燥した砂礫地、岩場などに自生する。低くどっしりした塊茎から多数の枝が伸びる。桃色の花の美しさは格別。生育期、梅雨時以外は雨ざらしにするとよい（ハダニ予防にもなる）。休眠期は完全に断水する。

Avonia quinaria ssp. *quinaria*

アボニア・クイナリア（靭錦うつぼにしき）

- スベリヒユ科
- アボニア属
- 南アフリカ、ナミビア
- 冬型／5℃／★★★★☆

珪石が多い平原に自生。大株では塊根は直径10cmほどになるが、成長は遅い。アルストニーとそっくりだが、花は濃桃色。夏は通風を図り、適度に遮光して、水もやや控えめにする。寒さには比較的強い。

Avonia quinaria ssp. *alstonii*

アボニア・アルストニー

- スベリヒユ科
- アボニア属
- 南アフリカ、ナミビア
- 冬型／5℃／★★★★☆

珪石が多い平原に自生。自生地では塊根は地中に埋まり、密生した短い茎だけが地表に出る。茎は銀色の鱗状托葉に覆われる。花は白〜淡桃色で直径2〜3cm。夕方に咲き2〜3時間で閉じる。蒸れを嫌う。

Alluaudia procera

アローディア・プロセラ（亜竜木ありゅうぼく）

- ディディエレア科アローディア属
- マダガスカル・トゥリアラ州沿岸部
- 夏型／5℃／★☆☆☆☆

乾いた荒れ地や灌木林に自生。多数の幹を群生させて高さ15m以上になることも。幹には長さ2〜3cmのとげが密生し、その間に小判形の葉をつける。丈夫で成長が早く栽培は容易。夏は雨ざらしでよい。

Brachystelma plocamoides

ブラキステルマ・プロカモイデス

- キョウチクトウ科 ガガイモ亜科 ブラキステルマ属
- アフリカ大陸南央部
- 夏型／10℃／
★★★★☆

荒れ地に自生する小型種で、平たいジャガイモのような塊茎から細長い葉をつけた短い茎を伸ばし、濃いえんじ色の花を咲かせる。自然の状態では塊茎は地中に埋まっている。塊茎が腐りやすく栽培難易度が高い。寒さに弱い。

Commiphora katef

コミフォラ・カタフ

- カンラン科コミフォラ属
- アフリカ北東部、アラビア半島
- 夏型／ ゙0℃／
★★★☆☆

乾燥した岩場や砂礫の目立つ土地に自生する小高木。動物が実を食べ種子が散布される。小株のうちは幹の下部が太り、白く滑らかな幹肌と緑色の葉のコントラストが美しい。根が繊細なので乾かしすぎない。成長は非常に遅い。寒さに弱いので冬は注意。

Boophone disticha

ブーフォネ・ディスティカ

- ヒガンバナ科ブーフォネ属
- アフリカ大陸中部〜南部
- 全型／5℃／
- ★☆☆☆☆

扇状に広がる葉と大きな鱗茎が見事。株が充実すればヒガンバナの花を半球状に集めたような派手な花が咲く。葉が展開してきたら水をやり、黄変落葉し始めたら控える。自生地によって生育型が異なる。

Bowiea volubilis

ボウイエア・ボルビリス
(蒼角殿、大蒼角殿)

- キジカクシ科ボウイエア属
- アフリカ大陸中部〜南部
- 春秋型〜夏型／5℃／
- ★☆☆☆☆

森林から高山の岩場まで多様な環境に自生。直射日光を避け明るい場所で栽培。翡翠色の鱗茎は成長とともに表皮が茶色くなる。古皮は無理やりはがさない。水は生育期はほどほどに、休眠期は断水気味に。

Bursera fagaroides

ブルセラ・ファガロイデス

- カンラン科ブルセラ属
- アメリカ南西部、メキシコ
- 夏型／5℃／
- ★★☆☆☆

砂漠地帯に自生する小高木。生育は遅い。葉は小さくサンショウによく似て、柑橘類のようなさわやかな香りがある。寒くなると黄色や赤に紅葉して美しい。生育期は水を好むが、多すぎると枝が徒長する。

Cyphostemma uter var. *macropus*

| キフォステンマ・
ウター・
マクロプス | ●ブドウ科
キフォステンマ属
●アンゴラ、ナミビア北部
●夏型／10℃／★★★☆☆ |

砂漠地帯に自生する。基本種のキフォステンマ・ウターに比べ扁平で、成長しても高さ1mほど、塊茎はより丸く育つ。生育期の水やりは必要最低限に。水が多いと徒長して葉が垂れ下がる。冬は断水する。

Cussonia paniculata

| クッソニア・
パニキュラータ
（壺天狗_{つぼてんぐ}） | ●ウコギ科
クッソニア属
●南アフリカ・東ケープ州
●夏型／5℃／★☆☆☆☆ |

岩場の割れ目に自生し、高さ5mほどになる小高木。実生栽培の幼株がコーデックスとして観賞される。暑さ寒さに強く生育期は雨ざらしでよい。よく日に当てないと葉がだらしなく展開する。低温期は落葉する。

Cyphostemma juttae

| キフォステンマ・
ユッタエ
（葡萄亀_{ぶどうがめ}） | ●ブドウ科キフォステンマ属
●ナミビア南部
●夏型／10℃／
★★☆☆☆ |

荒れた岩礫地に自生。古株は高さ2mを超えるという。塊茎は薄茶色の薄皮に覆われて、成長に伴いはがれ落ちる。切れ込みの大きな鋸歯をもつ葉は大きく肉厚。塊茎を太らせたいなら、水と肥料は多めに。

Cyphostemma betiforme

キフォステンマ・ベティフォルメ

- ブドウ科
- キフォステンマ属
- ソマリア、エチオピア、ケニア
- 夏型／10℃／★★★☆☆

石灰岩の岩礫地などに自生。塊茎は太いビン状で、大株でも直径30cm程度。生育は遅い。塊茎を覆う薄皮は成長とともにはがれる。生育期も乾かし気味に管理するが、乾かしすぎると葉を落とすので注意。

Ceraria pygmaea

ケラリア・ピグマエア

- スペリヒユ科 ケラリア属
- 南アフリカ・北ケープ州、ナミビア南部
- 冬型／5℃／★★★☆☆

荒れた岩場の斜面などに自生する。古株でも塊茎は直径10cm、株の高さ20cm、株張り30cmほどにしかならず、成長は非常に遅い。雌雄異株。休眠期も月に数回、涼しい風のある夕方に水やりすると生育がよい。

Corallocarpus glomeruliflorus

コラロカルプス・グロメルリフロルス

- ウリ科 コラロカルプス属
- ソマリア、イエメン、オマーンなど
- 夏型／10℃／★★☆☆☆

半砂漠地帯の岩場などに自生する。成株は低木状に育ち、樹冠の直径は1mほどになる。生育期は水を好むが、与えすぎるとつるが徒長して樹形が乱れやすくなる。休眠期は断水気味に管理。寒さに弱いので冬は注意。

Cyrtanthus obliquus

キルタンサス・オブリクス

- ヒガンバナ科 キルタンサス属
- 南アフリカ・東ケープ州
- 夏型／5℃／★☆☆☆☆

乾いた岩場などに自生。キルタンサス属の最大種で、葉は肉厚でねじれ、初夏に50cmほどの花茎を伸ばして10数輪の筒形の花を下向きに咲かせる。花色は先端から緑、黄、橙色のグラデーション。常緑性。

Cyrtanthus spiralis

キルタンサス・スピラリス

- ヒガンバナ科 キルタンサス属
- 南アフリカ・東ケープ州
- 夏型／5℃／★☆☆☆☆

荒れた草原などに自生。小型種で葉は細くらせん状にねじれる。高さ15cmほどの花茎を伸ばし、ラッパ形で濃橙色の花を5〜6輪、下向きに咲かせる。休眠期は断水するが、葉が枯れなければ水やりを続ける。

Dorstenia foetida

ドルステニア・フォエチダ

- クワ科ドルステニア属
- アラビア半島南部、エチオピア、ケニアほか
- 夏型／10℃／★★☆☆☆

平地から高地の乾いた岩場や崖に自生。高さ30〜40cm程度。分布域が広く自生地により葉や茎などの変異が大きい。夏に咲く花の奇妙な形も魅力的。丈夫で初心者にもおすすめだが、寒さには弱い。

Dorstenia gigas

ドルステニア・ギガス

- クワ科 ドルステニア属
- イエメン・ソコトラ島
- 夏型／15℃／★★★☆☆

岩場や崖などに張りつくように自生。ドルステニア属で最大級。大株は幹の直径1m、高さ4mを超える。一年中直射日光によく当て、生育期はたっぷり水をやる。寒さに弱いので冬は暖かく、断水気味に管理。

Dioscorea elephantipes

ディオスコレア・エレファンティペス
(亀甲竜)

- ヤマノイモ科 ディオスコレア属
- 南アフリカ・西ケープ州〜東ケープ州
- 冬型／5℃／★★★☆☆

岩礫の多い丘や乾燥した疎林に自生し、大半が地中に埋まった塊根の頂部から旺盛につるを伸ばす。塊根は表皮がひび割れてカメの甲羅状になる。雌雄異株。雄株に比べ雌株はより大きく育たないと開花しない傾向が強い。

Eriospermum sp. aff. *mackenii*

エリオスペルマム sp. aff. マッケニー

- キジカクシ科 エリオスペルマム属
- アフリカ大陸南部（ジンバブエほか）
- 夏型／5℃／★★☆☆☆

草原などに自生。自然の状態では塊茎は地中に埋まっている。生育期よく日に当てると葉の発色がよくなるが、真夏は少し遮光する。生育期は用土の表面が乾いたら水やりを。休眠期は断水気味に。塊茎を埋めたほうがよく育つ。

Ficus petiolaris

フィカス・ペティオラリス
- ●クワ科
- フィカス属
- ●メキシコ
- ●夏型／5℃／★★☆☆☆

乾いた岩場などに自生する。高さ20m以上になることもある。葉柄と葉脈が赤いハート形の葉が大きな魅力。株元は球形や不定形にふくらみ、味わい深い。日当たりと風通しをよくして育てる。冬は落葉する。

Firmiana colorata

フィルミアナ・コロラータ
- ●アオギリ科
- フィルミアナ属
- ●東南アジア〜南アジア
- ●夏型／10℃／★☆☆☆☆

ジャングルの痩せ地や岩上に自生する。大株では高さ10mを超えるという。縁から角が2本出たような葉の形がおもしろい。日当たりを好むが、夏は葉焼けすることがあるので適度に遮光する。寒さに弱い。

Fockea edulis

フォッケア・エドゥリス（火星人）
- ●キョウチクトウ科
- ガガイモ亜科フォッケア属
- ●南アフリカ
- ●夏型／5℃／★☆☆☆☆

乾いた草原などに自生。古株の塊茎は両手で抱えきれない太さになる。つるは鉢にトレリスなどを立てて誘引しても、繰り返し剪定してもよい。冬に室温が高く葉がある場合は、断水せず時々少量の水を与える。

Fouquieria purpusii

フォークイエリア・プルプシー
- ●フォークイエリア科
- フォークイエリア属
- ●メキシコ中部〜南部
- ●夏型／5℃／★★★☆☆

乾燥した疎林や岩場に、柱サボテンとともに自生する。樹齢数百年のものは高さ4mにもなるという。幹に入るえんじ色をした倒卵形の模様が特徴的。暑さ寒さに強くとても丈夫だが、成長は非常に遅い。

Fouquieria columnaris

フォークイエリア・コルムナリス（観峰玉）

- ●フォークイエリア科 フォークイエリア属
- ●メキシコ・バハカリフォルニア半島
- ●冬型／5℃／★★★☆☆

岩の多い丘などに自生。大型のものでは高さ20m、直径50cmの細長い円錐状になる。小さいうちは壺形の塊茎をもち、そこから鋭いとげのある枝を密生させる。寒さに強く暖地では一年中戸外で栽培できる。

Gerrardanthus macrorhizus

ゲラルダンサス・マクロリズス
（眠り布袋）

- ウリ科
 ゲラルダンサス属
- 南アフリカ・
 東ケープ州など
- 夏型／5℃／
 ★★☆☆☆

岩の点在する草原に自生する。丸々と太った塊根と、葉脈以外の部分がシルバーがかった美しい葉が持ち味。つる性なのでトレリスなどに誘引して育ててもよい。強光を避け、生育期はたっぷり水やりする。低温期は落葉する。

Kumara plicatilis

クマラ・プリカティリス
（乙姫の舞扇）

- ススキノ科
 ツルボラン亜科
 クマラ属
- 南アフリカ・西ケープ州
- 冬型〜春秋型／5℃／
 ★★★☆☆

幹が立つ旧アロエ属の代表種で、扇状に広がる葉が特徴的。自生地では高さ4mほどに育つ。花は橙色で、4〜5号鉢植えでも開花する。全方向から均等に日に当てると葉がきれいに展開する。真夏は水やりを控える。

Hoodia gordonii

**フーディア・
ゴルドニー
(麗盃閣)**
（れいはいかく）

- キョウチクトウ科ガガイモ亜科フーディア属
- 南アフリカ、ナミビア南部
- 夏型／10℃／★★☆☆☆

柱サボテンのような姿で鋭いとげがあるが、見た目ほどには痛くない。成長すると茎は分枝し高さ40cmほどになる。薄赤茶色の花は腐った肉のような臭いがする。日光によく当て、過湿は避ける。

Ipomoea holubii

**イポメア・
ホルビー**

- ヒルガオ科イポメア属
- アフリカ中南部（マラウイ、ザンビアなど）
- 夏型／10℃／★★★☆☆

低木林や草原の岩場に自生。丸い塊根は直径20cmほどまで育ち、頂部からつるを伸ばしてアサガオのような花を咲かせる。日照不足だと花つきが悪くなる。用土に埋めて栽培したほうが、塊根の太りはよい。

Jatropha cathartica

**ヤトロファ・
カサルティカ
(錦珊瑚)**
（にしきさんご）

- トウダイグサ科ヤトロファ属
- アメリカ・テキサス州、メキシコ北部
- 夏型／5℃／★★★☆☆

直径20cm、高さ30cmほどになる塊茎は、自生地では地中にある。丸い塊茎、切れ込みのある濃緑色の葉、サンゴのような赤色の花がいずれも魅力的。休眠期は落葉するが、日にはよく当て、水は与えない。

Mestoklema tuberosum

**メストクレマ・
チュベローサム**

- ハマミズナ科メストクレマ属
- ナミビア南部、南アフリカ・小カルー
- 夏型／5℃／★☆☆☆☆

乾燥した低木林や草原に自生。老木のようなしわやひび割れのある焦茶色の塊茎が盆栽にも似た風情を感じさせる。マツバギクのような茎と葉を伸ばし、初夏に白色から橙色の小花を咲かせる。寒さには強い。

Larryleachia cactiformis

**ラリレアキア・
カクティフォルミス
（仏頭玉）**

- キョウチクトウ科
- ガガイモ亜科ラリレアキア属
- ナミビア南部〜南アフリカ・北ケープ州
- 夏型、春秋型／10℃／★★★★★

乾いた岩場などに自生。和名のとおり表面は仏像の螺髪様の凹凸で覆われる。成長すると分枝して大株（高さ30cmほど）になる。多くは夏に生育するが、分布域が広く自生地ごとに生育型が異なり、花の模様も多様。

Monadenium globosum

| モナデニウム・グロボースム | ●トウダイグサ科 モナデニウム属 ●タンザニア南部 ●夏型／10℃／★★★☆☆ |

モナデニウムはユーフォルビア属に含めることもあり、その場合はE.ビスグロボーサとして知られる。標高2000m程度の岩場に自生し、丸い塊根は直径6〜7cmまで育つ。成長点近くに白〜淡桃色の花を咲かせる。

Monadenium ritchiei ssp. nyambense f. *variegatum*

| モナデニウム・リチエイ錦 | ●トウダイグサ科 モナデニウム属 ●原種はケニア ●夏型／5℃／★★☆☆☆ |

リチエイ種の亜種ニャンベンセの斑入り品種。基本種よりもコンパクトで幹が太い。成熟すると地下茎を伸ばし群生する。日焼けしやすいので真夏は明るい日陰か適度に遮光した場所に置く。水は控えめに。

Operculicarya decaryi

| オペルクリカリア・デカリー | ●ウルシ科 オペルクリカリア属 ●マダガスカル南西部 ●夏型／5℃／★☆☆☆☆ |

乾いた疎林や草原に自生する小高木。雌雄異株。灰白色の地に薄緑色や薄茶色がかすかに混じる幹の表情が味わい深い。生育期は雨ざらしでもよいが、休眠期は断水気味に。根ざしでふやすことができる。

Petopentia natalensis

| ペトペンチア・ナタレンシス | ●キョウチクトウ科 ガガイモ亜科ペトペンチア属 ●南アフリカ東部 ●夏型／5℃／★☆☆☆☆ |

温暖な草原などに自生するつる植物。1属1種。塊茎は直径40cmにもなる。葉は肉厚で光沢があり、裏面が赤紫色で美しい。伸びるつるは繰り返し剪定してもよい。寒さには比較的強い。

Pseudobombax ellipticum

プセウド ボンバックス・ エリプティクム

- アオイ科 プセウドボンバックス属
- 中央アメリカ、 メキシコ
- 夏型／5℃／ ★★☆☆

岩の多い荒れ地や疎林に自生し、成長すると高さ10m以上の高木になる。塊茎部分の樹皮がひび割れてのぞく緑色と白の模様が特徴的。花は春に咲き、ブラシ状で濃ピンクまたは白。低温期は落葉する。春の新緑は褐色に染まり美しい。

Senna meridionalis

センナ・ メリディオナリス

- マメ科センナ属
- マダガスカル南西部
- 夏型／5℃／ ★★☆☆

岩礫地の疎林などに自生し、高さ2〜3mになる。幹や古枝は灰白色で、こぶ状の起伏が連なり独特の風情を見せる。新緑色の葉が幹色に映えて美しい。花は黄色。枝が徒長しないよう水は控えめに。枝の剪定を繰り返すと幹や側枝が太り、盆栽のような趣をつくることも可能。

Phyllanthus mirabilis

フィランサス・ミラビリス
- トウダイグサ科フィランサス属
- タイ北部、ラオス
- 夏型／5℃／★★☆☆☆

石灰岩の崖や林床に自生する小高木。小株のうちは基部がとっくり状に太る。最上部につく羽状複葉の美しい葉は夜になると閉じる。明るい半日陰で管理。水は生育期にはたっぷり、休眠期には断水する。

Pterodiscus speciosus

プテロディスクス・スペキオーサス（古城）
- ゴマ科プテロディスクス属
- 南アフリカ、ボツワナ、レソトなど
- 夏型／5〜10℃／★★★☆☆

乾燥した草原に自生。塊茎は最大でも直径10cm、高さ15cmほど。生育期には、小株のうちから濃桃色の美しい花を咲かせる。日光不足だと花つきが悪くなる。葉がしおれやすいので生育期は水切れに注意。

Pyrenacantha malvifolia

ピレナカンサ・マルビフォリア
- クロタキカズラ科ピレナカンサ属
- ケニア、タンザニア、エチオピアなど
- 夏型／15℃／★★★☆☆

荒れた乾燥地などに自生。つる性で塊根は最大で直径1m超。大株は表皮が荒れて形が崩れやすいが、小株のうちは塊根がきれいに丸く整う。日光不足だと徒長し、塊根が腐りやすくなるのでよく日に当てる。

Pseudolithos migiurtinus

プセウドリトス・ミギウルティヌス
- キョウチクトウ科ガガイモ亜科プセウドリトス属
- ソマリア北東部
- 夏型／15℃／★★★★☆

荒れ地や岩場に自生。小さな鱗状の突起に覆われた表皮が特徴。花は小輪で赤褐色。肌の薄緑色を維持するなら20〜30%遮光下で管理。蒸れると腐るので通風を図り、鉢内が完全に乾いてから水やり。

Sinningia leucotricha

シンニンギア・レウコトリカ（断崖の女王）
- イワタバコ科 シンニンギア属
- ブラジル南東部
- 夏型／5℃／★☆☆☆☆

ジャングルの岩の割れ目などに自生。葉は白い毛に覆われ、英語名は「ブラジリアン・エーデルワイス」。強い乾燥や強光は好まない。乾かしすぎず適度に遮光する。冬は落葉して塊根だけになって休眠する。

Uncarina roeoesliana

ウンカリーナ・ルーズリアナ
- ゴマ科ウンカリーナ属
- マダガスカル・トゥリアラ州南部
- 夏型／5℃／★★☆☆☆

準乾燥地帯の岩場や疎林に自生。ウンカリーナ属では最小種。成長しても高さ2mほど。自然の状態では塊茎は地中に埋まる。鮮明な黄色の美しい花と、とげ状の突起が生えた果実が特徴。丈夫で育てやすい。

Zamia furfuracea

ザミア・フルフラケア（メキシコザミア）
- ザミア科 ザミア属
- メキシコ・ベラクルス州
- 夏型／5℃／★☆☆☆☆

メキシコソテツとも呼ばれる。子供の背丈ほどになり、羽状複葉でやや幅広の小葉が6〜12対つく。雌雄異株。幼株の成長は遅いが、次第に成長が速まる。寒さを避け、日なたか半日陰で管理する。

Zamia floridana

ザミア・フロリダーナ（フロリダソテツ）
- ザミア科 ザミア属
- アメリカ南東部、西インド諸島
- 夏型／5℃／★☆☆☆☆

マツやナラなどの林床に自生。葉先までの高さは最大1.5m弱になる。幹は半分ほど地中に埋まる。長さ80cmほどの羽状複葉をつけ、小葉は14〜22対。一年中日なたに置き、休眠期は水を控えめに。

Chapter 3

12か月栽培ナビ

Caudiciforms

各月の基本の
手入れと栽培環境・管理について、
「夏型」「春秋型」「冬型」の
3つの生育型別に解説します。

キルタンサス・オブリクス

コーデックスの年間の作業・管理暦

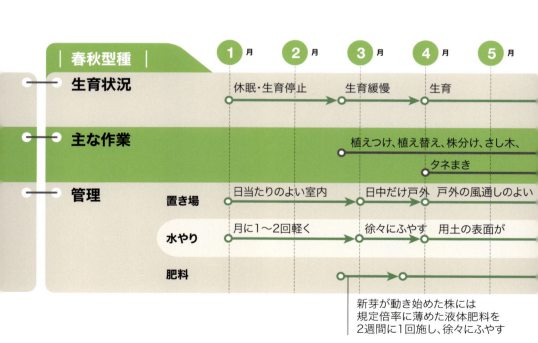

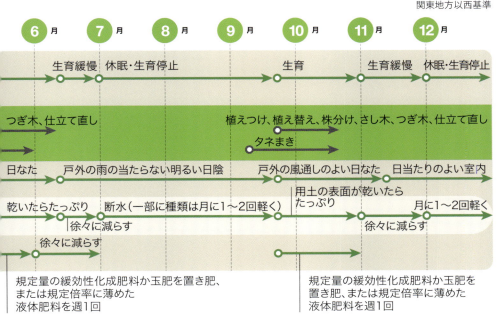

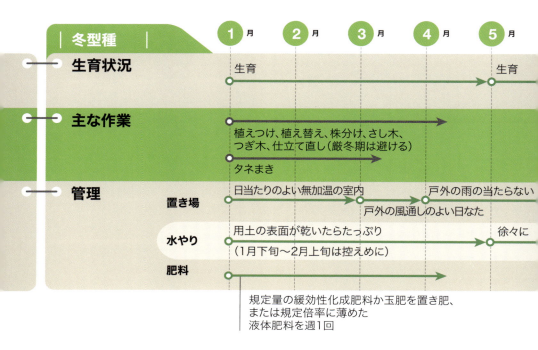

生育型について

　ほかの多肉植物と同様、コーデックスにも活発に生育する時期（生育期）と、生育が止まる時期（休眠・生育停止期）があります。コーデックスを日本で育てる場合、生育期の違いによって3つの生育型に分けることができます。上手に栽培するには、それぞれの株の生育型を知ることが大切です。

　ただし生育型は便宜的なものなので、実際の生育期や休眠・生育停止期は、栽培する地域の気象条件や栽培環境などによって、ここに示したものとずれが生じることがあります。また、例えば同じ春秋型種でも、夏型種に近い種や冬型種に近い種など性質には幅があります。

　さらに、分布域が広い種では、自生地ごとに生育型が異なる場合もあります。ふだんから手元の株をよく観察し、その株の状態に合わせて管理することが大切です。

夏型種

　春から生育し始め、気温の高い夏に旺盛に生育します。秋に気温が下がると生育が緩慢になり、冬は休眠・生育停止します。生育適温は20〜35℃。

　多くの種類は強光を好みます。根腐れで枯らさないように冬は完全に断水し、種類ごとの冬越し最低温度を守りましょう。代表的なグループにアロエ属、ユーフォルビア属、パキポディウム属、アデニウム属などがあります。

関東地方以西基準

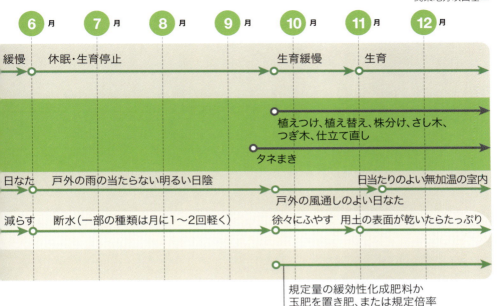

春秋型種

　春と秋の気候のよいときに生育します。暑すぎる夏は生育が緩慢になり、寒すぎる冬は休眠・生育停止します。生育適温は10〜25℃。

　夏は蒸れに注意が必要で、水やりを控えて強制的に休眠・生育停止させたほうが安心です。冬は低温と過湿に注意します。代表的なグループにアボニア属の一部、ユーフォルビア属の一部、トリコカウロン属などがあります。

冬型種

　秋、気温が下がってくると生育を始め、気温の低い冬に旺盛に生育します。春、気温が高くなってくると生育が緩慢になり、夏は休眠・生育停止します。生育適温は5〜20℃。

　原則的に夏は完全に断水しますが、種類によっては月に1〜2回、用土の表面がぬれる程度に水やりします。代表的なグループにオトンナ属、ペラルゴニウム属、モンソニア属、チレコドン属などがあります。

コーデックス栽培における肥料の量

　サボテンや多肉植物の多くは草花などに比べ肥料の量を少なめにするので、コーデックスも同様に考えがちですが、それは誤解です。コーデックスの魅力である塊根や塊茎は、枝葉を旺盛に成長させないと太りません。大きくするには、生育期に肥料を積極的に施すことが不可欠です。

　本書に示した肥料の量は、これから株を成長させ、塊根や塊茎を大きく太らせたい場合の基準です。手元の株がすでに成熟し、塊根や塊茎も十分太っていて、その状態を維持すればよいのなら、肥料の量を減らします。緩効性化成肥料や玉肥なら規定の半量を施し、液体肥料なら規定倍率に薄めて月に1回か2週間に1回、施せばよいでしょう。

January 1月

1月のコーデックス

本格的な寒さを迎えますが、日当たりのよい室内の窓辺ではオトンナやチレコドンなど冬型種が旺盛に生育を続けます。10月に花が咲き始めたオトンナはまだまだ開花が続きます。夏型種、春秋型種は春まで休眠中です。

Euphorbia ecklonii

ユーフォルビア・エクロニー（鬼笑い）

- トウダイグサ科
  ユーフォルビア属
- 南アフリカ・西ケープ州
- 冬型／5℃／★★★☆☆

岩場などに自生。塊根は大きくても直径5〜6cmで、自生地では地中にある。雌雄異株。

 今月の手入れ

夏型種、春秋型種

休眠または生育停止中なので、作業は行いません。

休眠中、生育中の見分け方

落葉性のものなら、休眠状態では葉が黄変したり落葉したりします。生育状態では芽が動き始めたり葉が展開したりします。常緑性のものはわかりにくいのですが、気温がその種類の生育適温であれば生育し、その温度帯から外れると生育が鈍くなったり休眠したりします。よく観察し、気温や株の様子から総合的に判断しましょう。

低温障害に注意

夏型種は冬の低温期（10℃以下）に、長時間水滴がついていたり水でぬれたりすると、葉に黒点が生じたり穴があいたりすることがあるので注意が必要（写真はキフォステンマ・キルロスム。99ページも参照）。

冬型種

- **植えつけ、植え替え、株分け、仕立て直し**／室温が安定していて生育を続けていれば、植えつけや植え替え、株分け（80〜83ページ参照）、仕立て直し（91ページ参照）ができます。室温が低く生育が停滞している場合は、これらの作業は厳寒期が過ぎてから行うようにしましょう。
- **さし木、つぎ木**／室温が安定していて生育を続けていれば、オトンナやチレコドンなどはさし木（84〜86ページ参照）ができます。ただし、さし木では根や茎、幹が太らない種類も多いので、あらかじめ確認してから作業をするとよいでしょう。つぎ木（90ページ参照）ができる種類もあります。
- **タネまき**／タネがとれたらすぐにまき（88〜89ページ参照）、暖かい室内（15〜20℃）に置きます。

今月の栽培環境・管理

夏型種

置き場

日当たりのよい室内／日当たりのよい室内の窓辺などで管理します。厳寒期なので、室温の下がる明け方でも種類ごとの冬越しの最低温度を維持するよう注意します。窓辺は夜間冷え込むので、夜間だけ部屋の中央の台の上などに移動させましょう。日中、塊茎にもしっかり日を当ててやると耐寒性が増します。

水やり

休眠中は断水／休眠中は断水します。また、置き場も乾かし気味に保ちます。湿度が高いと夜間、温度が下がったときに結露して株がぬれ、低温障害を起こすことがあります。

肥料

施さない／休眠中なので施しません。

春秋型種

置き場

日当たりのよい室内／日当たりのよい室内の窓辺などで管理します。特に寒さに強い種類は、雨や霜の当たらない、戸外の日当たりのよい場所でも栽培できますが、寒波で凍る心配があるときは室内に取り込みましょう。

水やり

月に1〜2回、軽く／月に1〜2回、晴れた暖かい日の午前中に、用土の表面が湿る程度に、軽く水やりします。

肥料

施さない／休眠中なので施しません。

冬型種

置き場

無加温の室内／無加温の室内の、日当たりのよい窓辺などで管理します。室温が高くなりすぎると休眠の準備に入ってしまうので、生育適温を保つように、晴れた日の日中は換気を図りましょう。

水やり

乾いたらたっぷり／用土の表面が乾いたら、暖かい日の午前中にたっぷり与えます。ただし、1月下旬〜2月上旬の厳寒期は生育が鈍るので、水やりを控えめにします。

肥料

生育中なら施す／生育中なら規定量の緩効性化成肥料や玉肥を置き肥するか、規定倍率に薄めた液体肥料を週1回施します。

February **2月**

2月のコーデックス

寒さは厳しいものの、冬型種は旺盛に生育を続けます。夏型種、春秋型種は休眠または生育停止中ですが、中旬を過ぎると日が長く、日ざしも強まってくるため、春秋型種のなかにも徐々に生育を再開するものが出始めます。

Tylecodon paniculatus

チレコドン・パニキュラツス
（亜房宮）
（あぼうきゅう）

- ベンケイソウ科
  チレコドン属
- 南アフリカ、ナミビア
- 冬型／5℃／★☆☆☆☆

チレコドン属の最大種で、幹は直径40cmにも。ワリキーとの自然交雑種も知られる。

今月の手入れ

夏型種

休眠または生育停止中なので、作業は行いません。

春秋型種、冬型種

- **植えつけ、植え替え、株分け、仕立て直し**／生育を再開した春秋型種、生育を続けている冬型種は植えつけや植え替え、株分け（80～83ページ参照）、仕立て直し（91ページ参照）ができます。
- **さし木、つぎ木**／室温が安定していて生育を続けていれば、冬型種のオトンナやチレコドンなどや、生育を再開した春秋型種はさし木（84～86ページ参照）ができます。さし木では根や茎、幹が太らない種類も多いので、あらかじめ確認してから作業をするとよいでしょう。つぎ木（90ページ参照）ができる種類もあります。
- **タネまき**／冬型種はタネがとれたらすぐにまき（88～89ページ参照）、暖かい室内（15～20℃）に置きます。

この害虫に注意

暖房の効いた暖かい室内ではコナカイガラムシが発生することがあります。見つけしだい駆除しましょう（98ページ参照）

パキポディウム・ブレビカウレ（恵比寿笑い）の果実のさやのつけ根についたコナカイガラムシ。

今月の栽培環境・管理

夏型種

置き場

日当たりのよい室内／日当たりのよい室内の窓辺などで管理します。中旬までは厳寒期なので、種類ごとの冬越しの最低温度を維持するよう努めます。窓辺は夜間冷え込むので、夜間だけ部屋の中央の台の上などに移動させ、発泡スチロールの箱などをかぶせると安心です。日中、塊茎にもしっかり日を当てると耐寒性が増します。

水やり

休眠中は断水／1月と同様にします。中旬以降は日中室温が高くなり、新芽が動き始めることがありますが、ここで水やりすると夜間の冷え込みで株が傷むおそれがあります。

肥料

施さない／休眠中なので施しません。

春秋型種

置き場

日当たりのよい室内／日当たりのよい室内の窓辺などで管理します。特に寒さに強い種類は、雨や霜の当たらない、戸外の日当たりのよい場所でも栽培できますが、寒波で凍る心配があるときは室内に取り込みましょう。

水やり

月に1～2回、軽く／月に1～2回、晴れた暖かい日の午前中に、用土の表面が湿る程度に、軽く水やりします。新芽が動き始めた株は、徐々に水やりをふやします。

肥料

施さない／休眠中の株には施しません。新芽が動き始めた株には施肥を再開します。規定倍率に薄めた液体肥料を2週間に1回施し、徐々にふやします。

冬型種

置き場

無加温の室内／無加温の室内の、日当たりのよい窓辺などで管理します。高温が続くと早めに休眠してしまうので、晴れた日は日中、一時的に窓を開けるなど換気を図り、生育適温を保ちます。寒さに強い種類を戸外で管理している場合は、寒波がきたら夜間だけ室内に取り込みます。

水やり

乾いたらたっぷり／用土の表面が乾いたら、暖かい日の午前中にたっぷり与えます。ただし中旬までは生育が鈍っているので、水やりは控えめにします。

肥料

生育中なら施す／生育中なら規定量の緩効性化成肥料や玉肥を置き肥するか、規定倍率に薄めた液体肥料を週1回施します。

March **3月**

3月のコーデックス

暖かい日と寒い日を周期的に繰り返しながら春が訪れる時期。モンソニアやペラルゴニウムが開花し始めます。冬型種はまだ旺盛に生育して株が充実し、春秋型種は徐々に生育を再開します。夏型種はまだ休眠中です。

Euphorbia crispa

**ユーフォルビア・クリスパ
（波濤麒麟）**
（はとうきりん）

- ●トウダイグサ科ユーフォルビア属
- ●南アフリカ・北ケープ州、西ケープ州
- ●冬型／5℃／★★★★★

地際で分頭して群生株になるが、成長はとても遅く、長い期間維持するのが難しい。

今月の手入れ

夏型種

休眠または生育停止中なので、作業は行いません。

春秋型種、冬型種

- ●**植えつけ、植え替え、株分け、仕立て直し**／生育中または生育を再開した種類は植えつけや植え替え、株分け（80〜83ページ参照）、仕立て直し（91ページ参照）ができます。
- ●**さし木、つぎ木**／生育中や生育を再開した種類は、さし木（84〜86ページ参照）やつぎ木（90ページ参照）ができます。
- ●**タネまき**／冬型種は上旬までにタネがとれたらすぐにまき（88〜89ページ参照）、暖かい室内（15〜20℃）に置きます。

よい苗、悪い苗

苗を購入する際には、節間が詰まってしっかりしたもの（左）を選ぶ。徒長した苗（右）は特にコーデックスの場合、姿形の点からも避けたい（写真は夏型種のクッソニア・ズルエンシス）。

この害虫に注意

気温が上昇するにつれて、コナカイガラムシやアブラムシが発生しやすくなります。見つけしだい駆除しましょう（98ページ参照）。

Care Plan

 今月の栽培環境・管理

3月 March

夏型種

置き場

日当たりのよい室内／日当たりのよい室内の窓辺などで管理します。夜間は冷え込むので、引き続き種類ごとの冬越しの最低温度を維持するべく加温・保温に努めます。太陽光が強くなり、日中は室温が高くなることもあるので換気を図りましょう。

水やり

休眠中は断水／1月と同様にします。中旬を過ぎると日ざしが強くなって日中室温が高くなり、新芽が動き始めることがあります。しかし、ここで水やりすると夜間の冷え込みで株が傷むおそれがあるので、断水を続けて休眠状態を維持しましょう。

肥料

施さない／まだ休眠中なので施しません。

春秋型種、冬型種

置き場

日当たりのよい戸外／室内の窓辺から戸外に出します。日光が長時間当たる風通しのよい場所が理想です。ただし、室内の環境に慣れていた株を急に戸外の直射日光に当てると、葉焼けや幹焼けを起こすことがあるので、日数をかけて徐々に日光に慣らしましょう。また、春秋型種は夜間は室内に取り込み、冬型種も霜が降りそうな冷え込む日は室内に取り込みます。

水やり

徐々にふやしていく／乾いたらたっぷり／生育を再開し始めた春秋型種は、水やりの回数を徐々にふやします。ただし中旬までは生育が鈍っているので、まだ控えめにしておきます。冬型種は、用土の表面が乾いたら水をたっぷり与えます。

肥料

生育中なら施す／春秋型種は生育を再開した株にのみ、冬型種は、生育を続けている株にのみ、規定量の緩効性化成肥料や玉肥を置き肥するか、規定倍率に薄めた液体肥料を週1回施します。

April **4月**

4月のコーデックス

春本番を迎え、日中は気温が高くなりますが、夜は適度に下がります。そのため冬型種はまだ生育が続き、充実期となります。春秋型種は生育旺盛、夏型種も徐々に休眠から目覚め、パキポディウムは黄色い花を咲かせます。

Boswellia neglecta

ボスウェリア・ネグレクタ

- カンラン科
  ボスウェリア属
- アフリカ東部
- 夏型／10℃／★★★☆☆

サバンナに自生し、高さ5〜6mになる。樹液が香料「乳香」の原料として知られる。

 今月の手入れ

夏型種、春秋型種、冬型種

●**植えつけ、植え替え、株分け、仕立て直し**／生育していれば、植えつけや植え替え、株分け（80〜83ページ参照）、仕立て直し（91ページ参照）ができます。ただし、冬型種は休眠期が近づいているので、上旬までには作業を終えましょう。

●**さし木、つぎ木**／生育していれば、さし木（84〜86ページ参照）やつぎ木（90ページ参照）ができます。冬型種は上旬までに作業を終え、高温を好む夏型種は十分に気温が高くなるまで待ちましょう。

●**タネまき**／タネがとれたら、冬型種以外はすぐにまきます（88〜89ページ参照）。

タネから育てた株の姿

コーデックスをタネから育てると、遺伝子の違いによって、個体ごとにいろいろな形になることがある。写真はいずれも実生から約3年目のパキポディウム・ホロンベンセ。写真左から、縦にまっすぐ伸びたもの、とげが長くたくさん出ているもの、ぷっくり丸々としたもの、枝が複数出たものなど多様な姿を見せている（よしあしとは関係ない）。パキポディウムに限らず、タネから育てた場合はこうした個体差が現れることが少なくない。

Care Plan

 今月の栽培環境・管理

夏型種

置き場

下旬からは戸外／中旬までは日当たりのよい室内の窓辺などで管理します。晴れた日の日中は窓を開けて換気を図りましょう。気温が上がる下旬には、徐々に日光に慣らしながら、戸外の日当たりと風通しのよい場所に移します。特に高温を好む種類は、もうしばらく室内の日の当たる場所で育てます。

水やり

徐々にふやしていく／まだ生育が緩慢なので、やや乾かし気味に。気温の上昇とともに生育が活発になってきたら、徐々に水やりをふやします。

肥料

施さない／まだ生育が緩慢なので施しません。

春秋型種

置き場

日当たりのよい戸外／戸外の日当たりと風通しのよい場所で管理します。

水やり

乾いたらたっぷり／用土の表面が乾いたら水をたっぷり与えます。

肥料

生育中なら施す／規定量の緩効性化成肥料や玉肥を置き肥するか、規定倍率に薄めた液体肥料を週1回施します。

冬型種

置き場

戸外の雨よけ下／雨を避けられる戸外の、日当たりと風通しのよい場所で管理します。風通しが悪いと、置き場が高温になって休眠に入ってしまうので注意しましょう。

水やり

乾いたらたっぷり／用土の表面が乾いたら水をたっぷり与えます。

肥料

生育中なら施肥可／生育を続けている株には、上旬まで、規定倍率に薄めた液体肥料を週1回施してもよいでしょう。

 この害虫に注意

コナカイガラムシやアブラムシが発生し始めます。見つけしだい駆除しましょう（98ページ参照）。

4月 April

May

5月

5月のコーデックス

風薫る季節。晴れが続き、日ざしも次第に強くなってきます。夏型種、春秋型種は一部の高温性のものを除き、多くが旺盛に生育します。パキポディウムは開花最盛期。冬型種の一部は休眠・生育停止の準備に入ります。

Pachypodium succulentum

パキポディウム・サキュレンタム

- キョウチクトウ科 パキポディウム属
- 南アフリカ・東ケープ州、西ケープ州
- 夏型／5℃／★★☆☆☆

紡錘形をした塊茎は最大で高さ1mほどになる。花は深く5裂し、花色は白〜淡桃色。

今月の手入れ

夏型種、春秋型種

● **植えつけ、植え替え、株分け、仕立て直し**／気温や天候が安定します。植えつけ（80ページ参照）や植え替え（81ページ参照）、株分け（82〜83ページ参照）、仕立て直し（91ページ参照）の適期です。長く植えっぱなしで生育が鈍っている株は、急いで植え替えましょう。また、姿が乱れた株は切り戻して仕立て直しましょう。作業を行う時期が遅くなるほど、その後の生育期間が短くなります。

● **さし木、つぎ木**／さし木（84〜86ページ参照）やつぎ木（90ページ参照）の適期です。

● **タネまき**／タネがとれたら、冬型種以外はすぐにまきます（88〜89ページ参照）。

花後の花茎切り

花後に伸びた花茎が見苦しく感じられる場合は、適宜切り戻して姿を整えるとよい。写真は、伸びた花茎が花後に見苦しくなったプレクトランサス・エルンスティー。タネをとらないなら、花茎をつけ根から切って、姿を整える（右）。

切り戻し前 　　　　　切り戻し後

冬型種

休眠に向かっているので、いずれの作業も行いません。

Care Plan

5月 May

 今月の栽培環境・管理

夏型種、春秋型種

置き場

日当たりのよい戸外／戸外の日当たりのよい場所で管理します。日ざしが強くなるので、戸外に移してまもない株、柔らかな光を好む種類などは半日陰に置くなどして、葉焼けや幹焼けをさせないよう注意します。日焼けを防ぐためにも、締まった株に育てるためにも、風通しを確保することが大切です。

水やり

乾いたらたっぷり／用土の表面が乾いたら水をたっぷり与えます。

肥料

施して生育を促す／規定量の緩効性化成肥料や玉肥を置き肥するか、規定倍率に薄めた液体肥料を週1回施します。

冬型種

置き場

できるだけ涼しい戸外／雨の当たらない戸外で管理します。午前中は日が当たり午後は早めに日陰になる、風通しのよい場所が適します。夕方まで日が当たって高温が続く場所に置くと、早く休眠に入ってしまいます。できるだけ涼しくして、なるべく長く生育期が続くようにコントロールしましょう。

水やり

徐々に減らしていく／生育が悪くなってきたり、葉が黄色っぽくなってきたりしたら、徐々に水やりを減らします。

肥料

施さない／休眠に向かうこの時期は肥料を施しません。

この害虫に注意

コナカイガラムシやアブラムシが発生しやすくなります。見つけしだい駆除しましょう（98ページ参照）。植え替え時、根に白い綿のようなものがついていたら、ネコナカイガラムシ（ネジラミ）です。用土をすべて落とし、傷んだ根をきれいに整理したら、強い流水で洗い流し、数日間乾かしてから新しい鉢に、新しい用土で植え替えます。

June **6月**

6月のコーデックス

中旬には梅雨に入り、湿度の高い雨や曇りの日が続くようになります。冬型種は休眠・生育停止に向かい始め、落葉性のものは葉が黄色くなって落ちます。夏型種、春秋型種は生育旺盛で、アボニアなどが花を咲かせます。

Cussonia natalensis

クッソニア・ナタレンシス

- ウコギ科クッソニア属
- 南アフリカ、ジンバブエ、エスワティニ
- 夏型／5℃／★★☆☆☆

成長すると高さ10mにもなる高木。幼株時の塊茎を観賞する。休眠期は落葉する。

 今月の手入れ

夏型種、春秋型種

●**植えつけ、植え替え、株分け、仕立て直し**／旺盛に生育している種類は、植えつけ（80ページ参照）や植え替え（81ページ参照）、株分け（82〜83ページ参照）、仕立て直し（91ページ参照）ができます。ただし梅雨時は湿度が高いため、切り口や傷が乾きにくく作業後に腐りやすくなります。なるべく梅雨入り前に済ませましょう。

●**さし木、つぎ木**／さし木（84〜86ページ参照）やつぎ木（90ページ参照）ができますが、梅雨時は腐りやすいので、梅雨入り前に行いましょう。

●**タネまき**／夏型種は適期です。タネがとれたら、すぐにまきます（88〜89ページ参照）。

冬型種

休眠中または休眠直前なので、作業は行いません。

 この害虫に注意

5月に引き続き、コナカイガラムシやアブラムシ、ネコナカイガラムシ（ネジラミ）などに注意します（98ページ参照）。

今月の栽培環境・管理

6月 June

夏型種

置き場

梅雨時は雨に当てない／戸外の日当たりと風通しのよい場所で管理します。強光を好む種類は直射日光に当てますが、強光が苦手な種類には遮光ネットを張るなどして、光量を調整します。梅雨時は雨が当たらないようにします。

水やり

梅雨時は乾かし気味に／梅雨入りまでは、用土の表面が乾いたら水をたっぷり与えます。梅雨時は用土が過湿になりやすく根腐れや蒸れの原因になるので、乾かし気味にします。

肥料

生育旺盛な株には施す／旺盛に生育している株には、規定量の緩効性化成肥料や玉肥を置き肥するか、規定倍率に薄めた液体肥料を週1回施します。

春秋型種

置き場

梅雨時は雨に当てない／戸外の日当たりと風通しのよい場所で育てますが、強光が苦手な種類には遮光ネットを張るなどして、ほどよい日陰をつくります。梅雨時は雨が当たらないようにします。

水やり

徐々に減らしていく／梅雨入りまでは、用土の表面が乾いたら水をたっぷり与えます。梅雨入り後は、乾かし気味に管理します。

肥料

徐々に減らしていく／休眠に向かっている時期なので、肥料を少しずつ減らしていきます。

冬型種

置き場

明るい日陰／雨が当たらず風通しのよい、明るい日陰で管理します。休眠に入った株は、直射日光が当たると日焼けを起こしたり、枯れたりすることもあるので注意しましょう。

水やり

断水する／水は与えません。ただし、ユーフォルビア・クリスパやチレコドンの小型種など、根が細く乾燥に弱い種類には月に1〜2回、涼しい時間帯に用土の表面が湿る程度に水やりするとよいでしょう。

肥料

施さない／休眠中または休眠直前なので、肥料は施しません。

July **7月**

7月のコーデックス

中旬までじめじめした梅雨が続きますが、下旬には明け、暑さの厳しい真夏がやってきます。夏型種は旺盛に生育しますが、春秋型種は生育緩慢から休眠・生育停止に入ります。冬型種は休眠または生育停止中です。

Euphorbia 'Sotetsukirin'

ユーフォルビア
蘇鉄麒麟(そてつきりん)

- トウダイグサ科
  ユーフォルビア属
- 種間交雑種(日本)
- 夏型／5℃／★★☆☆☆

鉄甲丸の種間交雑種だが作出の詳細は不明。複数系統が流通し、雌株と雄株が存在する。

 今月の手入れ

夏型種

●**植えつけ、植え替え、株分け、仕立て直し**／旺盛に生育している種類は、植えつけ(80ページ参照)や植え替え(81ページ参照)、株分け(82～83ページ参照)、仕立て直し(91ページ参照)ができます。ただし梅雨時は湿度が高いため、切り口や傷が乾きにくく作業後に腐りやすくなります。なるべく梅雨明け後に行いましょう。
●**さし木、つぎ木**／さし木(84～86ページ参照)やつぎ木(90ページ参照)ができますが、梅雨時は腐りやすいので、なるべく梅雨明け後に行いましょう。
●**タネまき**／適期です。タネがとれたら、すぐにまきます(88～89ページ参照)。

春秋型種、冬型種

休眠または生育停止中なので、作業は行いません。

この害虫に注意

高温乾燥期はハダニの発生が多くなるので注意しましょう。多発すると葉が黄色くなって落ちることもあります。花き類・観葉植物に適用のある殺ダニ剤で早めに駆除しましょう(98ページ参照)。

ハダニの被害で黄色くなったアデニウム・アラビクムの葉。

Care Plan

 今月の栽培環境・管理

夏型種

置き場

直射日光に当てる／多くの種類は戸外の日当たりと風通しのよい場所で直射日光に当てて育てます。種類によっては雨ざらしでかまいません。強光が苦手な種類は、遮光ネットを張って適度に遮光するか、半日陰で管理します。

水やり

夕方や夜間に／用土の表面が乾いたら水をたっぷり与えます。ただし、日中に水やりすると蒸れるので、夕方や夜間の涼しい時間帯に行います。

肥料

生育旺盛な株には施す／規定量の緩効性化成肥料や玉肥を置き肥するか、規定倍率に薄めた液体肥料を週1回施します。

春秋型種、冬型種

置き場

涼しい場所で夏越し／戸外の雨の当たらない明るい日陰で夏越しさせます。風通しがよく乾燥した、できるだけ涼しい場所を選び、株間を十分にあけます。

水やり

断水する／基本的に断水します。中途半端に水やりすると、根腐れを起こしたり、株が傷んだりするおそれがあります。ただし、ユーフォルビア・クリスパやチレコドンの小型種など、根が細く乾燥に弱い種類には月に1～2回、夕方から夜間の涼しい時間帯に、用土の表面が湿る程度に水やりするとよいでしょう。

肥料

施さない／休眠または生育停止中なので、肥料は施しません。

成長点を傷める要因

過湿と通風不足が原因で成長点付近が傷んで茶色く変色した（丸囲み内）夏型種のユーフォルビア・イネルミス（九頭竜）。生育型を問わず、ユーフォルビアのタコもの（17ページ参照）によく発生する。灰色かび病が原因になることもあり、成長が止まる場合もあるので注意が必要（99ページも参照）。

7月 July

August **8月**

8月のコーデックス

強い日ざしが照りつけ、厳しい暑さが続きますが、アデニウムやパキポディウムなど高温性の夏型種はご機嫌で生育を続けます。冬型種、春秋型種は休眠・生育停止中ですが、チレコドンはこの時期に花を咲かせます。

Pachypodium horombense
(P.roslatum var. horombense)

パキポディウム・ホロンベンセ

- キョウチクトウ科
  パキポディウム属
- マダガスカル中央高地
- 夏型／10℃／★★☆☆☆

岩場に自生し、成長すると高さ1mほどに。花は黄色、釣り鐘形で裂片の先がとがる。

今月の手入れ

夏型種

●**植えつけ、植え替え、株分け、仕立て直し**／旺盛に生育している種類は、植えつけ(80ページ参照)や植え替え(81ページ参照)、株分け(82〜83ページ参照)、仕立て直し(91ページ参照)ができます。高温多湿で雑菌が繁殖しやすいので、切り口や傷を完全に乾かしてから植えつけます。また、日ざしが強いので、作業後は芽が動き始めるまで明るい日陰で養生させましょう。

●**さし木、つぎ木**／さし木(84〜86ページ参照)やつぎ木(90ページ参照)ができます。

●**タネまき**／適期です。タネがとれたら、すぐにまきます(88〜89ページ参照)。

かき子でふやせる種類

他の植物同様に、コーデックスにも親株から出た子株をとって、さし木でふやせる種類がある。写真はその一例で、左から順に、ユーフォルビア 峨眉山、モナデニウム・リチエイ錦、ユーフォルビア 子吹きシンメトリカ。ふやし方は85ページ参照。

春秋型種、冬型種

休眠または生育停止中なので、作業は行いません。

Care Plan

8月 August

今月の栽培環境・管理

夏型種

置き場

直射日光に当てる／多くの種類は戸外の日当たりと風通しのよい場所で直射日光に当てて育てます。種類によっては雨ざらしでかまいません。強光が苦手な種類は、遮光ネットを張って適度に遮光するか、半日陰で管理します。

水やり

鉢の周辺にも散水／用土の表面が乾いたら水をたっぷり与えます。夕方や夜間に行い、鉢の周辺にも散水して涼しくしてやりましょう。

肥料

生育旺盛な株には施す／規定量の緩効性化成肥料や玉肥を置き肥するか、規定倍率に薄めた液体肥料を週1回施します。

春秋型種、冬型種

置き場

涼しい場所で夏越し／戸外の雨の当たらない明るい日陰で夏越しさせます。風通しがよく乾燥した、できるだけ涼しい場所を選び、株間を十分にあけます。

水やり

断水する／基本的に断水します。中途半端に水やりすると、根腐れを起こしたり、株が傷んだりするおそれがあります。ただし、ユーフォルビア・クリスパやチレコドンの小型種など、根が細く乾燥に弱い種類には月に1〜2回、夕方から夜間の涼しい時間帯に、用土の表面が湿る程度に水やりするとよいでしょう。

肥料

施さない／休眠または生育停止中なので、肥料は施しません。

この害虫に注意

7月同様、高温乾燥期なのでハダニの発生が多くなります。多発すると葉にかすり模様が現れ、やがて黄色くなって落ちることもあります。花き類・観葉植物に適用のある殺ダニ剤で早めに駆除しましょう（68、98ページ参照）。

September 9月

9月のコーデックス

中旬までは残暑が続きますが、下旬になると夜温が下がってきます。春秋型種はもちろん、冬型種も多くが生育を再開し始め、オトンナやチレコドンなどが新しい葉を出し始めます。逆に夏型種は生育が緩慢になります。

Ledebouria undulata

レデボウリア・ウンデュラータ

- キジカクシ科レデボウリア属
- 南アフリカ・北ケープ州、西ケープ州、東ケープ州（カルー）
- 夏型／5℃／★★☆☆☆

鱗茎は本来地中に埋まっている。晩秋に葉が枯れ冬越し、春に紫桃色の花を咲かせる。

 ## 今月の手入れ

夏型種

- **植えつけ、植え替え、株分け、仕立て直し**／生育が続いている種類は、上旬まで、植えつけ（80ページ参照）や植え替え（81ページ参照）、株分け（82〜83ページ参照）、仕立て直し（91ページ参照）ができます。アデニア・グロボーサなどつる性、半つる性のものは、伸びすぎたつるや枝を切り戻して、姿を整えます。作業が遅れると、気温の低下で作業後の根づきや新芽の生育が悪くなり、冬越しに障害が生じるので注意しましょう。
- **さし木、つぎ木**／上旬まではさし木（84〜86ページ参照）やつぎ木（90ページ参照）ができます。
- **タネまき**／上旬まで可能です。タネがとれたら、すぐにまきます（88〜89ページ参照）。

春秋型種、冬型種

- **植えつけ、植え替え、株分け、仕立て直し**／残暑が落ち着く下旬以降、生育し始めた種類は、植えつけ（80ページ参照）や植え替え（81ページ参照）、株分け（82〜83ページ参照）、仕立て直し（91ページ参照）ができます。
- **さし木、つぎ木**／下旬からさし木（84〜86ページ参照）やつぎ木（90ページ参照）ができます。
- **タネまき**／中旬から可能です。タネがとれたら、すぐにまきます（88〜89ページ参照）。

 ## この害虫に注意

ハダニやコナカイガラムシ、アブラムシ、ネコナカイガラムシ（ネジラミ）の発生に注意しましょう（98ページ参照）。

Care Plan

9月 September

 今月の栽培環境・管理

夏型種

置き場

直射日光に当てる／戸外の日当たりと風通しのよい場所で直射日光に当てて育てます。遮光下や半日陰で育てていた種類も、下旬からは日当たりのよい場所に移します。また、雨ざらしにしていた株は、下旬からは雨の当たらない場所に移します。

水やり

下旬から乾かし気味に／用土の表面が乾いたら水をたっぷり与えます。下旬からは乾かし気味にして、水やりの間隔を徐々に長くします。

肥料

生育旺盛な株には施す／中旬までは、規定量の緩効性化成肥料や玉肥を置き肥するか、規定倍率に薄めた液体肥料を週1回施します。

春秋型種

置き場

日当たりのよい戸外／残暑が過ぎて生育を再開したら、戸外の日当たりと風通しのよい場所に移します。急に日に当てて葉焼けなどさせないよう、徐々に慣らすようにします。

水やり

生育再開したら与える／生育を再開した株には、用土の表面が乾いたら水をたっぷり与えます。

肥料

生育再開したら施す／生育を再開した株には、規定量の緩効性化成肥料や玉肥を置き肥するか、規定倍率に薄めた液体肥料を週1回施します。

冬型種

置き場

涼しい場所で夏越し／休眠が続いている間は、戸外の雨の当たらない明るい日陰で夏越しさせます。生育を再開したら、徐々に日当たりのよい場所に移します。

水やり

涼しくなったら徐々に／熱帯夜が収まり、芽が動き始めたら水やりを再開します。初めは少しずつ水を与えるようにして、生育を促します。

肥料

施さない／休眠が続いている間は施しません。生育を再開した株には、規定量の緩効性化成肥料や玉肥を置き肥するか、規定倍率に薄めた液体肥料を週1回施します。

October **10月**

10月のコーデックス

秋晴れのさわやかな日が続きます。春秋型種は生育旺盛、冬型種も生育期です。夏型種は生育が緩慢になり、アデニウムやパキポディウムなど冬に落葉するものは、休眠・生育停止に向かって葉が黄色くなってきます。

Didierea madagascariensis

ディディエレア・マダガスカリエンシス（金棒の木）

- ディディエレア科 ディディエレア属
- マダガスカル南部
- 夏型／10℃／★★★☆☆

成長すると分枝して10mを超える。増殖は主にタネかつぎ木。さし木も可能だが困難。

 今月の手入れ

夏型種

休眠に向かっているので、いずれの作業も行いません。

春秋型種、冬型種

● **植えつけ、植え替え、株分け、仕立て直し**／生育中の種類は、植えつけ（80ページ参照）や植え替え（81ページ参照）、株分け（82〜83ページ参照）、仕立て直し（91ページ参照）ができます。気温が下がり始めるので、春秋型種は中旬までに済ませます。

● **さし木、つぎ木**／さし木（84〜86ページ参照）やつぎ木（90ページ参照）ができます。気温が下がり始めるので、春秋型種は中旬までに済ませます。

● **タネまき**／タネがとれたら、すぐにまきます（88〜89ページ参照）。気温が下がり始めるので、春秋型種は中旬までに済ませます。

 この害虫に注意

コナカイガラムシやアブラムシなどの発生に注意しましょう。数が少なければ柔らかな歯ブラシでこすり落としたり、強い水流で洗い流したりして駆除します（98ページ参照）。

Care Plan

今月の栽培環境・管理

10月 October

夏型種

置き場

直射日光に当てる／戸外の日当たりと風通しのよい場所で直射日光に当てて育てます。雨には当てないようにします。

水やり

乾かし気味に／休眠に向かうので、高温性の種類は気温が20℃を下回るようになったら徐々に水やりの間隔をあけ、断水気味にしていきましょう。低温で多湿だと根腐れを起こしやすくなります。高温性でないものは、落葉性の種類は葉が黄色くなり始めるころから、常緑性の種類は生育が衰えてきたら（見た目ではわかりにくいですが、よく観察して）、乾かし気味にしましょう。

肥料

施さない／休眠に向かっているので施しません。

春秋型種

置き場

日当たりのよい戸外／戸外の日当たりと風通しのよい場所で育てます。できるだけ長く直射日光に当てるようにしましょう。

水やり

乾いたらたっぷり／用土の表面が乾いたら水をたっぷり与えます。

肥料

施して生育を促す／生育旺盛なので、規定量の緩効性化成肥料や玉肥を置き肥するか、規定倍率に薄めた液体肥料を週1回施します。

冬型種

置き場

日当たりのよい戸外／生育を再開し始めるので、戸外の日当たりと風通しのよい場所に移動させます。葉焼けなどさせないよう、徐々に日ざしに慣らすようにします。

水やり

生育状況を見ながら／用土の表面が乾いたら水をたっぷり与えます。株が生育を再開したか、まだ休眠中か、生育状況を見て水やりを調節することが大切です。

肥料

生育再開したら施す／生育を再開した株には、規定量の緩効性化成肥料や玉肥を置き肥するか、規定倍率に薄めた液体肥料を週1回施します。

75

November **11**月

11月のコーデックス

冬が近づき気温が下がってきます。夏型種は休眠または生育停止に入り、アデニウムやパキポディウム、ウンカリーナなどは落葉します。春秋型種は生育が緩慢となり、冬型種は旺盛に生育し始め、オトンナなどは開花します。

Othonna sp.aff. hallii

オトンナ sp.aff. ハリー

- キク科オトンナ属
- 南アフリカ・北ケープ州（ナミビア国境近く）
- 冬型／5℃／★★☆☆☆

小型種でオトンナ・ハリーに似るが、自生地は北部のナミビア国境付近。花は黄色。

今月の手入れ

夏型種、春秋型種

休眠中または休眠直前なので、作業は行いません。

冬型種

●**植えつけ、植え替え、株分け、仕立て直し**／生育中の種類は、植えつけ（80ページ参照）や植え替え（81ページ参照）、株分け（82〜83ページ参照）、仕立て直し（91ページ参照）ができます。気温が下がり始める時期なので、作業は晴れた暖かい日が続いているときに行い、作業後は暖かい室内（15〜20℃）に置きます。

●**さし木、つぎ木**／さし木（84〜86ページ参照）やつぎ木（90ページ参照）ができます。気温が下がり始める時期なので、作業は晴れた暖かい日が続いているときに行い、作業後は暖かい室内（15〜20℃）に置きます。

●**タネまき**／タネがとれたらすぐにまき（88〜89ページ参照）、暖かい室内（15〜20℃）に置きます。

この害虫に注意

寒くなると発生は少なくなりますが、コナカイガラムシやネコナカイガラムシ（ネジラミ）などが発生することがあるので注意します（98ページ参照）。

Care Plan

今月の栽培環境・管理

夏型種、春秋型種

置き場

日当たりのよい室内／休眠期に入り、落葉性の種類は葉が黄色くなって落ちます。早めに、日当たりのよい室内の窓辺などに取り込みましょう。

水やり

休眠中は断水／夏型種は断水します。断水することで耐寒性が高まり、低温障害を受けにくくなります。春秋型種は気温の低下とともに生育が緩慢になるので、水やりを徐々に減らします。

肥料

施さない／夏型種は休眠中、春秋型種は生育が緩慢になるので施しません。

冬型種

置き場

寒くなったら室内／涼しくなり活発に生育する時期です。戸外の日当たりと風通しのよい場所で育てます。冬型種でもあまり寒さに強くない種類は、最低気温が10℃を下回るようになったら、無加温の室内の、日当たりのよい窓辺などに取り込みます。ただし、日中に換気が十分でないと室温が高温になりすぎ、蒸れたり、生育が緩慢になって葉色が悪くなったりすることがあるので注意が必要です。生育適温の5〜20℃を維持するように努めましょう。

水やり

乾いたらたっぷり／用土の表面が乾いたら水をたっぷり与えます。晴れた暖かい日の午前中に行い、天気のよくない寒い日は避けます。

肥料

生育旺盛な株には施す／旺盛に生育する時期なので、規定量の緩効性化成肥料や玉肥を置き肥するか、規定倍率に薄めた液体肥料を週1回施します。

11月 November

December 12月

12月のコーデックス

本格的な寒さがやってきます。日照時間が短く、日ざしも弱くなります。夏型種、春秋型種は休眠または生育停止中です。一方、冬型種は生育旺盛で、ユーフォルビア・エクロニーなどはこの時期から花を咲かせ始めます。

Euphorbia silenifolia

ユーフォルビア・シレニフォリア

- トウダイグサ科ユーフォルビア属
- 南アフリカ・西ケープ州、東ケープ州
- 冬型／5℃／★★★★☆

小型種で、塊茎は最大でも直径5〜7cmにしかならない。長期間維持するのが難しい。

今月の手入れ

夏型種、春秋型種

休眠または生育停止中なので、作業は行いません。

休眠期の過湿に注意

断水すべき時期に水やりなどで過湿にするのは厳禁。写真は根腐れを起こして塊茎にしわが寄ったアデニウム・アラビクム（左）。切ってみると塊茎も大部分が腐っていた（右）。こうなっては回復のしようがない（99ページも参照）。

過湿による塊茎の腐敗

こうなると回復不能

冬型種

- **植えつけ、植え替え、株分け、仕立て直し**／生育中の種類は、植えつけ（80ページ参照）や植え替え（81ページ参照）、株分け（82〜83ページ参照）、仕立て直し（91ページ参照）ができます。作業後は暖かい室内（15〜20℃）で育てれば発根が早く進み、失敗しにくくなります。
- **さし木、つぎ木**／さし木（84〜86ページ参照）やつぎ木（90ページ参照）ができます。作業後は暖かい室内で育てれば発根が早く進み、成功率が高まります。
- **タネまき**／タネがとれたら、すぐにまき（88〜89ページ参照）、暖かい室内（15〜20℃）に置きます。

Care Plan

 今月の栽培環境・管理

12月 December

夏型種

置き場

日当たりのよい室内／日当たりのよい室内の窓辺などで管理します。寒さが厳しくなるので、種類ごとの冬越しの最低温度の維持に努めます。

水やり

休眠中は断水／断水します。断水することで耐寒性が高まり、低温障害を受けにくくなります。

肥料

施さない／休眠中なので施しません。

春秋型種

置き場

日当たりのよい室内／日当たりのよい室内の窓辺などで管理します。特に寒さに強い種類は、雨や霜の当たらない、戸外の日当たりのよい場所でも栽培できますが、寒波がきたら室内に取り込みましょう。

水やり

月に1〜2回、軽く／月に1〜2回、晴れた暖かい日の午前中に、用土の表面が湿る程度に、軽く水やりします。

肥料

施さない／休眠または生育停止中なので、肥料は施しません。

冬型種

置き場

日当たりのよい室内／日当たりのよい室内で管理します。窓辺に置くと陽光に向かって株が傾くので、時々鉢を回してやりましょう。特に寒さに強い種類は、戸外の雨や霜が避けられる場所でも栽培できますが、寒波がきたら夜間だけ室内に取り込みます。

水やり

乾いたらたっぷり／用土の表面が乾いたら、晴れた暖かい日の午前中にたっぷり与えます。

肥料

生育旺盛な株には施す／規定量の緩効性化成肥料や玉肥を置き肥するか、規定倍率に薄めた液体肥料を週1回施します。植え替えなどを行った株には、芽が動き始めてから施すようにします。

 この害虫に注意

暖かく乾燥した室内ではコナカイガラムシなどが発生することがあります。見つけしだい駆除します（98ページ参照）。

79

12か月栽培ナビ 作業編

植えつけ

購入した株は、植えつけ適期ならすぐに、そうでなければ適期まで待って植えつけます。

適期

夏型種
4月上旬～9月上旬
（梅雨時は避ける）
春秋型種
2月下旬～6月上旬、
9月下旬～10月中旬
冬型種
9月下旬～4月上旬

用意するもの

植えつける株（写真はパキポディウム・ホロンベンセ）／株の大きさに合った鉢（ここでは2.5号鉢）／多肉植物用培養土（102ページ参照）

1 根鉢を据えたときにちょうどよい高さになるよう、鉢に用土を入れておく。

2 ポットから根鉢を抜き、手でほぐすようにして、ていねいに用土を落とす。根を切らないのでそのまま植えつける。

3 鉢のちょうど中央に位置するように株を据え、すき間に用土を入れる。ウォータースペースを1cm程度とる。

4 割り箸などでそっと突いて、根のすき間にまんべんなく用土が入るようにする。

5 鉢の側面を軽くたたいて用土を落ち着かせたら植えつけ完了。水やりは1週間ほどたってから行う。

根を切った場合は必ず乾かす！

植えつけや植え替えの際に根を切ったり、根を傷めたりした場合は、必ず風通しのよい日陰に置いて切り口や傷んだ部分を乾かしてから植えつける。用土も必ず乾いたものを使うこと。これを怠ると、根腐れを起こす危険性が高まるので注意する。

Care Plan

植え替え
(鉢増し)

鉢に対して株が大きくなりすぎたもの、枝葉が混み合ったもの、生育が悪くなったものなどは早めに植え替えを行います。

適期

夏型種
4月上旬〜9月上旬
(梅雨時は避ける)

春秋型種
2月下旬〜6月上旬、
9月下旬〜10月中旬

冬型種
9月下旬〜4月上旬

用意するもの

植え替える株(写真はパキポディウム・ラメレイ)／一回り大きい鉢(ここでは4号鉢)／多肉植物用培養土(102ページ参照)

① 根鉢を据えたときにちょうどよい高さになるよう、鉢に用土を入れておく(＊)。

④ 割り箸などでそっと突いて、根のすき間にまんべんなく用土が入るようにする。

② 古い鉢から根鉢を抜く。根が健全で、この程度の根の回り具合なら根鉢はほぐさなくてよい。

⑤ 入れ終わったら、鉢の側面を軽くたたいて、用土を落ち着かせる。

③ 鉢のちょうど中央に位置するように株を据え、すき間に用土を入れる。ウォータースペースを1cm程度とる。

⑥ 植え替え完了。すぐには水やりせずに、1週間ほどたってから行う。

＊6号以上の鉢に植え替える場合は、鉢底石を入れてもよい。

12か月栽培ナビ **作業編**

株分け

地下茎（地中を横に伸びる茎）を伸ばしたりして株が広がるものは、株分けができます。ふやす目的がなければ、鉢増しして大株に育ててもよいでしょう。

適期

夏型種
4月上旬～9月上旬
（梅雨時は避ける）
春秋型種
2月下旬～6月上旬、
9月下旬～10月中旬
冬型種
9月下旬～4月上旬

用意するもの

株分けする株／鉢（分けた株の大きさと数に合わせて用意）／多肉植物用培養土（102ページ参照）

① 株分けをする株（写真はユーフォルビア・デカリー・スピロスティカ）。

② ポットから根鉢を抜く。白い根とイモムシのような白く太い地下茎が見える。

④ 茎のつながりをよく見て、引きはがすようにして分ける。あまり小さく分けすぎないよう注意。

③ 根や地下茎を傷めないように十分注意して、用土をすべて落とす。

⑤ 大小5株に分かれた。根のついていない株もあるが、地下茎の場合、たいてい問題ない。

Care Plan

⑥ 鉢に植えつける。割り箸などでそっと突いて、根のすき間にまんべんなく用土が入るようにする。

⑦ 株分けし、植えつけが完了。すぐには水やりせずに、1週間ほどたってから行う。

根がない株は？

① 3〜4日間、風通しのよい日陰に置いて、切り口をよく乾かしておく。

② 鉢に用土を入れて落ち着かせたら、切り口が用土に密着するように株を置く。

作業後の管理

雨の当たらない明るい日陰で1〜2週間養生させ、その後は通常の置き場に移す。水やりは1週間ほどたってから行う。

株分けができる主なコーデックス

ユーフォルビア・グロボーサ、ユーフォルビア・ポリゴナ、オトンナ・レトロルサ、チレコドン・ブッコルジアヌス、モナデニウム・リチエイ錦、ボウイエア・ボルビリス（分球＝親球に発生した子球を切り分ける）、キルタンサス・スピラリス（分球）など。

83

12か月栽培ナビ **作業編**

さし木

枝を切ってさし木します。太った塊根や塊茎、幹はコーデックスの魅力の一つですが、さし木では太る種類は限られるので、確認してから行いましょう。

適期

夏型種
4月上旬〜9月上旬
（梅雨時は避ける）
春秋型種
2月下旬〜6月上旬、
9月下旬〜10月中旬
冬型種
9月下旬〜4月上旬

用意するもの

さし穂をとる株／鉢（さし穂の大きさと数に合わせて用意）／多肉植物用培養土（102ページ参照）

① さし穂をとる（写真はプレクトランサス・エルンスティー）。枝を切り分け、花や花がら、余計な枝などを切り取る。

② 調整を終えた穂木。風通しのよい日陰で数日〜1週間、切り口を乾かす。

③ 鉢に用土を入れ、割り箸などで穴をあけて穂木をさす。深さは穂木が安定する程度。

④ バランスを考えて、細い穂木は1鉢に2本さした。さし木完了。こうして株をふやすことができる。

作業後の管理

雨の当たらない明るい日陰で1〜2週間養生させ、その後は通常の置き場に。水やりは3〜4日ほどたってから行う。

さし木ができる主なコーデックス

さし木した株でも塊根や塊茎が太るものには、ペラルゴニウム・ミラビレ、アローディア・プロセラ、コラロカルプス・グロメルリフロルス、チレコドン・ブッコルジアヌスなどがある。

Care Plan

さし木
（かき子）

親株から出た（枝分かれした）子株をかき取ったり切り取ったりして、さし木します（＝かき子）。こうすることで、株をふやすことができます。

適期

夏型種
4月上旬～9月上旬
（梅雨時は避ける）

春秋型種
2月下旬～6月上旬、
9月下旬～10月中旬

冬型種
9月下旬～4月上旬

用意するもの

子株をとる株／鉢（子株の大きさと数に合わせて用意）／多肉植物用培養土（102ページ参照）

1 子株がたくさん出ている親株（写真はユーフォルビア 峨眉山）。

2 手で取れる種類もあるが、峨眉山の子株は外れにくいのでハサミを使って切り取る。切り口をよく乾かす。

3 鉢に用土を入れ、子株が安定する程度に植え込む。ウォータースペースは1cm程度。

作業後の管理

雨の当たらない明るい日陰で1～2週間養生させ、その後は通常の置き場に移す。水やりは1週間ほどたってから行う。

かき子ができる主なコーデックス

ユーフォルビア 子吹きシンメトリカ、ユーフォルビア・グロボーサ、モナデニウム・リチエイ錦など。

ユーフォルビア 子吹きシンメトリカは、子株が手で簡単に外せる。白い乳液に触れるとかぶれることがあるので注意。

さし木
（鱗片ざし）

鱗茎（球根）をもつ種類では、鱗片をはがしてさせば、ふやすことができるものもあります。

適期

夏型種
4月上旬〜9月上旬
（梅雨時は避ける）

春秋型種
2月下旬〜6月上旬、
9月下旬〜10月中旬

冬型種
9月下旬〜4月上旬

用意するもの

鱗片をとる株／育苗箱など／鉢（鱗片の大きさと数に合わせて用意）／多肉植物用培養土（102ページ参照）

① ほどよい大きさの鱗茎をもつ株（写真はボウイエア・ボルビリス）。この株から鱗片をとる。

④ 鉢に用土を入れ、芽がある部分を下にして、鱗片が安定する程度に植え込む。

② 鱗茎から鱗片をはがし、通気性のよい育苗箱などに並べ、風通しのよい明るい日陰に置いておく。

③ 2か月ほど置いておくと、鱗片のつけ根側に芽が出てくる（芽が出るまで水やりなど一切しない）。

作業後の管理

作業を終えたらすぐに、親株を育てているのと同じ置き場で管理してよい。作業後すぐにたっぷりと水を与え、その後も用土の表面が乾いたら、たっぷり与える。順調にいけば1〜2週間で発根し、芽が伸び始める。

鱗片ざしができる主なコーデックス

可能な種類はあるが、一般的にはボウイエア・ボルビリス以外は行われない。

Care Plan

人工授粉

開花しても、自然にまかせておくと結実せずタネがとれないことも多いので、確実に結実させるには人工授粉をします。同じ花（株）の花粉では受精しないもの（自家不和合性）、雄しべと雌しべの成熟する時期がずれるもの（雌雄異熟）、雌株と雄株があるもの（雌雄異株）などもあるので、よく確認してから作業をしましょう。

適期

開花したら随時

自家不和合性の場合
（例：ウンカリーナ・ルーズリアナ）

同じ花（株）の花粉では受精しない（自家不和合性）ので、開花株を2株用意する。

ティッシュペーパーをよじってつくったこよりで、花の奥にある雄しべから花粉を採取（左）。別株の雌しべの柱頭に花粉をつける（下の「花の構造」の写真参照）。

授粉がうまくいけば結実し、初冬には果実が熟す。とげのある果実を割ると、中にタネがある。

雌雄異株の場合
（例：ユーフォルビア・ブプレウリフォリア）

雌株には雌花だけ、雄株には雄花だけがつくので、花が咲いた雄株と雌株を用意する。左が雄株、右が雌株。外見では雌雄は判別できず、開花しないとわからない。

先の細いピンセットで、雄株から花粉の出ている雄しべを摘み取る（左）。雌花の開いた柱頭に、雄しべの花粉をつける。

授粉が成功し、ふくらんだ果実。熟してタネがとれるのは初夏。

花の構造（切断面）

雌しべが長く、雄しべはその奥に並んでいるのがわかる。雌しべは柱頭が開いて授粉適期。雄しべはまだ葯から花粉が出ていない。授粉作業の前に状態をよく観察することが必要。

12か月栽培ナビ **作業編**

タネまき

タネがとれたら、まいてみましょう。生育速度は種類によって異なりますが、時間をかけてじっくり育てるのもコーデックス栽培の醍醐味。最近はインターネット通販でタネを購入できる種類もあります（＊）。

適期

夏型種
4月上旬～9月上旬
春秋型種
4月上旬～5月下旬、
9月中旬～10月中旬
冬型種
9月中旬～3月上旬

用意するもの

タネ／鉢（まくタネの数に合わせて用意）／タネまき用土／赤玉土（細粒）

1 タネ（写真はパキポディウム 恵比寿大黒）。前年採種し、密封容器に入れて冷暗所で保存しておいたもの。

2 鉢に市販のタネまき用土を入れ、間隔をあけてピンセットなどでタネをまく。このタネは3号鉢に20粒まいた。

3 まき終えたら、赤玉土（細粒）でタネが隠れる程度に覆土する。

4 タネが流れないよう注意し、ジョウロで水を与える。微細なタネの場合は腰水（鉢皿などに水を張って鉢を置く）で。

タネまき後の管理

雨の当たらない、日当たりがよく暖かい場所で育てる。発芽するまでは乾かないよう腰水にしておくとよい。発芽したら腰水はやめて、上からの水やりに。

約1か月後

5 一斉に発芽し、双葉の間から本葉（丸囲み内）がのぞくまでに成長。

＊コーデックスのタネには時間がたつと発芽率が著しく悪くなるものもあります。
タネは信頼のおけるショップから購入するようにしましょう。

Care Plan

約1年後

6 前年にタネをまいたもの。個体差で生育に幅があるが、それらしい姿になってきた。

鉢上げ

7 できるだけ根を切らないように、割り箸などを使って用土をたっぷりつけた状態で苗をそっと掘り上げる。

8 2.5号程度の鉢に多肉植物用培養土で植えつける。ウォータースペースを1cmほど確保する。

9 用土を落ち着かせたら鉢上げ完了。すぐには水を与えない。

鉢上げ後の管理

雨の当たらない明るい日陰で1〜2週間養生させ、その後は通常の置き場に移す。水やりは3〜4日ほどたってから行う。

タネまきができる主なコーデックス

タネが手に入れば、ほとんどの種類で可能。チレコドンなどタネが微細な種類以外は、比較的容易に行える。

タネの取り出し方

実ったタネは一般にさやに包まれ、なかにはウンカリーナ・ルーズリアナのように、さやがとげに覆われているものもある（87ページも参照）。こうした場合、以下の要領で、けがをしないよう注意しながら、タネを取り出すとよい。

1 タネをピンセットなどでしっかりつかみ、ハサミでとげを切る。

2 タネを傷つけないように、さやの上部を切り（丸囲み内）、指でさやを開く。

12か月栽培ナビ **作業編**

つぎ木

枝変わりや斑入り品種をふやしたり、根が弱く自根で栽培するのが難しい種類を、同じ属の丈夫な種類につぎ木して、栽培を容易にするために行います。

適期

夏型種
4月上旬～9月上旬
(梅雨時は避ける)
春秋型種
2月下旬～6月上旬、
9月下旬～10月中旬
冬型種
9月下旬～4月上旬

用意するもの

穂木にする株(写真❶の小さな株＝パキポディウム・ブレビカウレ)／台木にする株(写真❶の大きな株＝パキポディウム・ラメレイ)／カッターナイフ(新品か消毒した刃のもの)／縫い糸(木綿)

❶ タネまき後1年ほどたったパキポディウム・ブレビカウレの苗(右)を、パキポディウム・ラメレイ(左)につぐ。

↓

❷ 台木の葉がついた茎の上部を切り取る。台木も穂木も断面の細胞を傷つけないよう、一度ですぱっと切る。

❸ 穂木の苗の根に近い茎の下部を切り取る。なるべく台木の断面の直径に合わせるように切る。

❹ 台木の上に穂木をのせる。台木のほうが切り口が大きい場合は、中央に置く。

形成層は考慮不要

同じ多肉植物であるサボテンや、ほとんどの庭木や花木は、つぎ木をする際、台木と穂木の形成層(109ページ参照)を合わせないと活着しません。ところが、パキポディウムやユーフォルビアなど、サボテンを除く多くの多肉植物は、形成層を合わせなくても切り口をつけておくだけで活着します。簡単なので挑戦してみてください。

Care Plan

5 ポットごと糸をぐるぐる巻きにして、台木と穂木が密着して動かないように固定する。

仕立て直し

多くの枝が伸びたり、高く長く伸びたりする種類は、乱れた姿を整えるために、時々枝を切って仕立て直すことが必要です。

1 旺盛に生育して枝が伸びすぎ、姿が乱れた株。好みの位置でよいが、新たな枝が伸びてきたときの姿を想像しながら切り戻す。

作業後の管理

雨の当たらない明るい日陰で養生させ、穂木が生育を始めたら通常の置き場に。水やりの際は、穂木が活着するまではつぎ口をぬらさないように上からかけず、株元に与える。

適期

夏型種
4月上旬～9月上旬
（梅雨時は避ける）
春秋型種
2月下旬～6月上旬、
9月下旬～10月中旬
冬型種
9月下旬～4月上旬

2 下部から伸び出した新梢だけ残し、太い枝も短く切り戻した。

約2か月後

つぎ木ができる主なコーデックス

ほとんどの種でできるが、パキポディウムやユーフォルビア、ガガイモ科のコーデックスでよく行われる。

用意するもの

姿が乱れた株（写真はプレクトランサス・エルンスティー）／剪定バサミ

3 通常の管理を行えば新梢がどんどん伸び出す。この株では、花穂が伸び出し始めた枝も見える（丸囲み内）。

91

冷涼な乾燥地から灼熱の砂漠まで！

コーデックスの多くは日本とは異なる気候風土に育つので、自生地の環境を知ることが大切です。世界の熱帯から温帯に自生しますが、ここでは分布する種の多い南アフリカと、マダガスカルの様子を紹介します。

自生地のコーデックス

Caudiciforms in the Wild

南アフリカ・北ケープ州で撮影。斜面に大木が並ぶ光景は圧巻。手前の大きな株は2つの個体が同じ場所に芽生え、成長するにつれて幹が融合した。以前はアロエ属（アロエ・ディコトマ）に分類されていたが、DNA分析により旧アロエ属は複数の属に分類し直され、本種はアロイデンドロン属になった。なお、ここに紹介した種の写真はすべて10月（現地では晩春）に撮影した。

アロイデンドロン・ディコトマム
Aloidendron dichotomum

マダガスカル南部・イサロ国立公園で撮影。自然保護地域のためか姿のよい株が散見され、群生している場所もあった。岩の割れ目に根を下ろした写真の株は、花の咲いたあとに細い実(さや)が多数ついている。

パキポディウム・グラキリウス
Pachypodium rosulatum ssp. *gracilius*

南アフリカ・西ケープ州で撮影。南大西洋に臨む砂浜から数百m内陸の砂地。海風が吹きつける場所に太くどっしりとした株が群生していた。日本でこのような姿に育てるには、長い年月と相応の環境づくりが必要。

ユーフォルビア・ショーンランディー(闘牛角)
Euphorbia schoenlandii

マダガスカル南部で撮影。23ページの解説のとおり、小株のうち茎にびっしりつく鋭いとげは、写真のような大株になると脱落し、表面が滑らかになる。写真の場所は雨季には左側に川が流れるものと思われる。

パキポディウム・ラメレイ
Pachypodium lamerei

マダガスカル南部で撮影。中央高原の岩の多い場所に自生していた。地面に這うように枝を伸ばし扁平な姿に育っている。すぐ近くにパキポディウム・ホロンベンセもあり、花のない時期は区別がつきにくい。

パキポディウム・デンシフローラム
Pachypodium densiflorum

**ディディエレア・
マダガスカリエンシス
（金棒の木）、
バオバブ
（アダンソニア・フニー）**
*Didierea madagascariensis,
Adansonia fony*

マダガスカル南西部で撮影。背丈が高くなるバオバブ（アダンソニア・フニー）とディディエレア・マダガスカリエンシス。手前にはマダガスカリエンシスの実生苗が多数育つ。一般的に小さな苗は干ばつで枯れたり動物の食害にあったりすることが多いが、ここは次世代の株も育まれた健全なコロニーになっていることがわかる。

**チレコドン・
レティキュラツス
（万物想）**
Tylecodon reticulatus

南アフリカ・西ケープ州で撮影。チレコドンのなかでは分布域が広く、個体数もとても多い。枯れた花茎が株についたまま残る姿が特徴的。

**パキポディウム・
ブレビカウレ
（恵比寿笑い）**
Pachypodium brevicaule

マダガスカル南部で撮影。標高1000m以上の比較的涼しい高原に自生していた。岩山の岩と岩の間や、土の斜面に自生している株も見られた。

Caudiciforms Column

古くて新しい
趣味と固有種保護問題

「現地株」「未発根株」「山採り」……。これらは、趣味でも仕事でも、日本でコーデックス類に関わるうえでは避けて通れない言葉です。

インターネットの通販サイトなどでコーデックス植物を探すと、自生地から抜き取られたと思われるたくさんの株が販売されています。以前のサボテンブームがさまざまな現地球に支えられていたように、現在の多肉植物ブームも現地株に支えられている側面があります。実際、初めて買ったコーデックス植物はパキポディウム・グラキリウスの現地株だったという方も少なからずいるのではないでしょうか。

しかし今流通している現地株の多くは、マダガスカルや南アフリカ、中南米などの厳しい自然の環境で数十年以上、育ってきた株です。そのような株だからこそ人を惹きつける魅力がありますが、これらは再生不可能な資源です。自生する場所や個体数が限られ、採りすぎてしまったら絶滅しかねない種類も少なくありません。

趣味としてコーデックス類を育てる場合も、このことを真剣に考える時期ではないでしょうか。残念なことに、園芸趣味が高じるなどして過去に日本人が絶滅危惧に関与した植物もあります。今後は、そのようなことは絶対に避けなければなりません。

例えば人気のあるオペルクリカリア・パキプスの現地株は、状態のよいときでも、植えつけ後の活着率が3割程度といわれ、場合によっては5％程度しか活着しないこともあります。多肉植物を育てる人がふえているのは喜ばしいですが、その結果、長い時間をかけて自然が育んだ生き物を、ただ消費するだけになっているのだとすれば、残念なことです。

現地株のように完成された姿のものを入手して満足するだけでなく、繁殖を試みたり、小さな苗から試行錯誤を重ねて大きく育てたりしながら、これらの貴重な植物に寄り添う楽しみを見いだしたいものです。

Petr Pavelka

オペルクリカリア・パキプス
Operculicarya pachypus
(マダガスカル・トゥリアラ周辺の自生地)。

主な害虫と生理障害＆対策

害虫

アブラムシ

発生時期／3〜11月（特に3〜5月に多い）。
症状／新芽や花などに付着して吸汁し、生育を阻害します。体長1〜2mmで、体色は種類や時期により異なり、緑色や黄色、褐色など。多発するとすす病の原因になることもあります。
対策／風通しをよくして発生を予防しましょう。発生したら、できるだけ数が少ないうちに粘着テープで捕殺したり、強い水流で洗い流したりします。花き類・観葉植物に適用のある薬剤を使っても効果的。

コナカイガラムシ

発生時期／4〜10月。
症状／葉や茎、花茎、果柄などのすき間に潜んで汁を吸います（58ページ参照）。体長2〜3mmで、体は白い粉状の分泌物で覆われています。ほかのカイガラムシ類と異なり、成虫も歩いて移動できます。
対策／風通しをよくして発生を予防しましょう。発生したら数が少ないうちに先の細いピンセットで1匹ずつ捕殺するか、歯ブラシなどでこすり取ります。

ハダニ

発生時期／4〜10月。
症状／体長0.5mmほどのクモの仲間で、新葉の裏などに群れて汁を吸います。被害を受けた葉は白いかすり模様を生じ、やがて黄色くなって落ちる（68ページ参照）ため、生育が阻害されます。
対策／水が苦手なので、水やりの際に葉裏にも水をかけて発生を予防するとよいでしょう。風通しをよくすることも対策になります。発生したら数が少な

いうちに、花き類・観葉植物に適用のある薬剤を散布し、早めに防除しましょう。

ネコナカイガラムシ
（ネジラミ）

発生時期／4〜10月。
症状／体長1〜2mmのコナカイガラムシの仲間で、根に付着して汁を吸います。地中で発生するので発見しにくいですが、発生すると生育が悪くなるので、元気のない株は、鉢からそっと根鉢を抜いてよく観察しましょう。
対策／鉢を地面に直接置かないようにします。古い鉢はよく洗ってから使い、用土の再利用を避けます。被害を受けたら根をすべて切るか、すべて切れないときは流水でよく水洗いし、1週間ほど風通しのよい日陰でよく乾かしてから、新しい鉢に新しい用土で植えつけます。

Pest Control

コーデックスは環境さえ整えればさほど問題なく育つ丈夫な植物。
問題となる病気はほとんど見当たらず、害虫も多くありません。
ただ、低温や高温、過湿による生理障害を起こしやすいので注意が必要です。

生理障害

過湿による障害

発生時期／一年中。
症状／成長点付近が傷んで茶色く変色し、その後落葉したり、成長が止まることもあります。ユーフォルビアの「タコもの」によく発生します（69ページ参照）。
原因と対策／置き場の湿度が高いと発生し、灰色かび病が原因の可能性もあります。日光によく当て、換気と風通しをよくします。

低温障害

発生時期／12〜3月。
症状／葉に黒褐色の斑点ができ、放置するとやがてその部分に穴があきます（56ページ参照）。
原因と対策／冬の低温期（10℃以下）に、長時間水滴がついたり、水でぬれたりすると発生しやすいので、水滴やぬれた枝葉が夕方までに乾くように、冬の水やりは晴れた暖かい日の午前中に行います。葉に黒点が生じたり穴があいたりしたら、生育期に葉を切って新しい葉を出させたほうがよいでしょう。

根腐れ

発生時期／それぞれの種類の休眠・生育停止期。
症状／根が傷み、枯れ、腐ります。腐敗は根から上部に広がって、枝葉がしおれたり、塊根や塊茎にしわが寄ったりへこんだりします（78ページ参照）。
原因と対策／休眠・生育停止期の水やりで過湿になると起こります。特に夏型種は冬の休眠・生育停止期に断水を徹底します。塊根や塊茎が腐敗していなければ、根の腐った部分だけを切除して植え替え、生育適温になるよう加温して養生させましょう。

日焼け

発生時期／5〜9月。
症状／塊根や塊茎、葉が部分的に白っぽく変色し、枯れます。患部が黒くなることもあります。大きなダメージにはなりにくいものの、観賞的に望ましくありません。
原因と対策／強光を好まない種類はもちろん、好む種類でも、室内で育てていたものを急に戸外で直射日光に当てると起こります。適度に遮光したり、徐々に慣らしたりしてから戸外に出します。また、本来塊根や塊茎は地中にあるので、直射日光が当たらないよう枝葉を茂らせたりするなど工夫しましょう。

日焼けしたアデニア・グロボーサの塊茎（上部の白い部分）。

これだけは押さえておきたい

コーデックス栽培のABC

生育型

●コーデックスは日本とはまったく異なる環境に自生する植物です。「生育型」とは、日本の気候条件下で栽培したときに最も生育が盛んになる季節によって、それぞれの種類を便宜的に「夏型」「春秋型」「冬型」に分類したもの。コーデックスの栽培はその種類の生育型を知ることから始まります（詳しくは54〜55ページ参照）。

夏型種／夏に生育期を迎え、春と秋には生育が緩慢になり、冬は休眠します。真夏の直射日光を好むもの、嫌うものなどいろいろです。冬は室内の日当たりで管理します。

春秋型種／春と秋に生育期を迎えます。夏は生育が緩慢になり、冬は休眠します。真夏の直射日光を嫌うため、夏は明るい日陰、冬は室内の日当たりで育てます。

冬型種／冬に生育期を迎えます。春と秋は生育が緩慢になり、夏は休眠します。冬型とはいえ日本の真冬の寒さに強いわけではないので、霜を避けたり、日当たりのよい室内に取り込んだりします。

置き場

●一部の種類を除き、コーデックスの自生地の多くは強い日ざしが照りつける乾燥地です。半砂漠地帯や砂礫の多い岩場など、痩せた土地です。栽培環境もできるだけ自生地に近づけるようにしましょう。

夏型種／生育期の夏は戸外の日当たりと風通しのよい場所に棚をつくり、その上に置くのが理想です。休眠期の冬は室内の日の当たる窓辺で管理します。ただし窓辺は夜間冷え込むので、夜だけ部屋の中央の台の上などに移動させると安心です。

春秋型種／春と秋の生育期は戸外の日当たりと風通しのよい棚に置きます。休眠期は、夏は戸外の雨の当たらない明るい日陰（遮光率30〜50％）に、冬は室内の日当たりのよい窓辺に置きます。

冬型種／生育期の冬は室内の日当たりのよい窓辺に置きます。長時間日の当たる場所がよく、高温になりすぎないよう、晴れた日は換気に努めましょう。特に寒さに強い一部の種類のなかには、霜に当たらなければ戸外で冬を越せるものもあります。休眠期の夏は、戸外の雨の当たらない明るい日陰（遮光率30〜50％）に置きます。家の北側の軒下など、雨が当たらず風通しのよい涼しい場所がおすすめです。

＊どの生育型のものも、室内で管理していた株を戸外に出す場合は、急に強い直射日光に当てると日焼けする場合があるので、徐々に慣らすようにしましょう。

コーデックスは一部の種類を除けば丈夫で、
ポイントさえ押さえて管理すれば、園芸の初心者でも栽培を楽しめる植物です。
日常の管理や鉢、用土などについて基本中の基本を解説します。

水やり

●生育期はたっぷり、休眠・生育停止期は断水が基本です。それぞれの種類の生育型は13～50ページの「コーデックス図鑑」を確認してください。

生育期／用土の表面が乾いたら、鉢底から流れ出るまでたっぷり水を与えます。ただし冬型種の場合、厳寒期は晴れた暖かい日の午前中にやり、夕方寒くなる前に余分な水が切れるように、与える水の量を少なめにして根腐れを予防します。

休眠期／夏型種は冬に断水します（水やりは一切しない）。春秋型種は、冬は月に1～2回、軽く水やりします。夏は断水しますが、強い乾燥を嫌う種類は月に1～2回、夕方から夜間に、用土が軽くぬれて半日ほどで乾く程度の水を株の上からかけます。冬型種も、長期間の乾燥に弱いユーフォルビアの一部などには同様にします。冬型種でも大型のオトンナやチレコドンなどは乾燥に強いので、夏は完全に断水してかまいません。また、いずれの生育型の種も、休眠期から生育期への移行時期は徐々に水やりをふやし、逆に生育期から休眠期への移行時期は徐々に水やりを減らしていくように段階を踏みます。

生育期はハス口をつけたジョウロで、株の上からたっぷり水を与える。枝葉にもかけるとハダニなどの害虫予防にもなる。ただし、タネをとりたい場合は花に水をかけないよう注意。

Column
用土の中の乾き具合を確認する方法

用土の表面の乾き具合は、土の色を見れば判断がつくことがありますが、用土の中の乾き具合を知るためには、写真のように、竹串や割り箸などを使う方法が便利です。

用土に竹串などを差しておき（左）、確認したいときに抜くと、竹串が湿っているかどうかで、用土の中の乾き具合がわかる（右）。写真の株はパキポディウム・グラキリウス（象牙宮）。

これだけは押さえておきたい **コーデックス栽培のABC**

肥料

●コーデックスは一般に痩せた土地に自生しているため、さほど多くの肥料は必要ないと思われがちです。しかし、旺盛に成長させて塊根や塊茎を太らせたいなら、生育期には積極的に肥料を施すことが必要です。ただし、休眠・生育停止期には一切、施しません。

種類ごとの施肥方法／緩効性化成肥料（N-P-K=10-10-10など）か有機質固形肥料（玉肥とも呼ばれる。N-P-K=4-6-2など）、液体肥料（N-P-K=5-10-5など）のいずれかを用います。緩効性化成肥料や有機質固形肥料は、商品の説明書にある草花や鉢花の規定量を施します。その際、肥効期間を確認し、過不足が生じないよう注意しましょう。液体肥料は草花や鉢花と同じ規定倍率に薄めて施します。

一般的な草花用の緩効性化成肥料。商品によって肥効期間が異なるので、よく説明書を確認して使う。

油かす主体の有機質固形肥料。玉肥とも呼ばれ、ゆっくり効き、肥料焼けで根が傷むことが少ない。

水で薄めて用いるタイプの液体肥料。速効性ですぐに効き目があらわれるが、長くは効かないので頻繁に施す。

鉢

●材質は問いませんが、過湿防止のため鉢底穴が大きな、水はけのよい鉢を使います。ただ、生育を最優先するなら腰高の黒いプラスチック鉢がおすすめです。根を張るスペースが広く、地温が上がりやすいため生育を促します。

左端は黒いプラスチック鉢（本来はもう少し腰高が望ましい）。中央左は素焼き鉢、中央右はコンクリート鉢、右端は釉薬のかかった化粧鉢。

用土

●一般の草花に比べて水はけのよい用土を使います。市販の多肉植物・サボテン用培養土を用いるのが簡単ですが、自分で配合する場合は下記を参考にしましょう。

軽石を主体とした市販の多肉植物・サボテン用培養土。かなり水はけがよいので、栽培する種類によっては市販の草花用培養土を半分ほど混ぜて使ってもよい。

コーデックスに向く用土の配合例

赤玉土小粒2 ＋ 鹿沼土小粒2 ＋ 川砂2 ＋ 腐葉土または酸度調整済みピートモス2 ＋ パーライト1 ＋くん炭1

あれば便利な道具

●コーデックスの栽培に、特別な道具は必要ありません。草花や観葉植物などを育てる際に使うものも流用できます。以下のような道具があればよいでしょう。

ラベル

自分が育てている種類を忘れないように、種名や品種名を書いたラベルを鉢に差しておく。

ハサミ

太い枝や根を切るための剪定バサミと、細かい部分を切る園芸バサミの2つがあると便利。

割り箸

植え替え時に用土を根のすき間に押し込んだり、用土の表面を掃除するときなどに使う。

ピンセット

人工授粉（87ページ参照）の際や、花がら、害虫などをつまみ取るのに使う。先の細いものがよい。

土入れ

植えつけ、植え替え時、鉢に用土を入れるのに便利。ペットボトルなどを加工して自作してもよい。

ジョウロ

水やりの際は、ハス口のついたジョウロでやわらかなシャワーにする。ホースにハス口をつけても。

ライター

使ったハサミの滅菌（熱消毒）のために、刃先を軽くあぶる。登山用など火力の強いものが便利。

カッター

つぎ木などの際に、台木や穂木を切るために使う。やや大きめのほうが使いやすい。

遮光ネット

強光が苦手な種類や休眠中の株のために使う。遮光率30～50％のものが使いやすい。

The ABC of Growing Caudiciforms

もう失敗しない、困らない！

コーデックス栽培

Question
Q & A
Answer

Q 休眠期は必ず断水？

どの生育型のコーデックスも、それぞれの休眠期には完全に断水するのでしょうか。

A 生育型によって対応が違う

休眠期とは、夏型種の場合は冬、冬型種では夏、春秋型種では夏と冬にあたります。夏型種は、冬に下手に水をやると根腐れを起こしたり（78、99ページ参照）、低温障害が発生したりする（56、99ページ参照）ので完全に断水します。

一方、冬型種のうち小型種は夏の間、完全には断水せず、月に1～2回、涼しい時間帯に用土の表面がぬれる程度に水やりをするか、葉水（霧吹きなどで葉に水を吹きかける）をしたほうが、秋からの生育がよいようです。

春秋型種の場合、冬は月に1～2回ほど用土の表面がぬれる程度に水やりします。夏は断水しますが、強い乾燥を嫌う種類は冬同様、月に1～2回、軽く水やりします。

どちらの生育型も、休眠期にたっぷり水をやると腐ることがあるので、あくまでも用土の表面が軽くぬれる程度に抑えるのがポイントです。

Q 夜間の室温が下がりすぎる

冬、室内の窓辺で管理していますが、夜間は暖房を止めるので室温が冬越しの最低温度を下回りそうで不安です。どのように温度を保てばよいでしょうか。

A 部屋の中央に置くか、簡易温室で保温

種類ごとの冬越しの最低温度を維持することは栽培の最低条件です。葉を落として休眠している種類は、寒さに当たったからといってすぐには症状が出ませんが、時間がたつにつれ取り返しがつかない事態となります。

まずは、置き場に最高最低温度計を設置するなどして、明け方、室温がどこまで下がるのか確認しましょう。

2～3℃温度を高く保てばよいのなら、夜、株を部屋の中央のテーブルの上などに置き、発泡スチロールや段ボールの箱をかぶせておくだけで大丈夫です。なるべく大きな箱を使い、箱とテーブルの間にすき間をつくらないようにするのがポイントです。

室内に簡易温室を置けるなら、ヒーターとサーモスタットなどを使って温度管理すると手間がかかりません。ただ、日当たりがよい場所だと日中高温になりすぎるので、昼は換気を図る必要があります。日照が不足するようなら、植物育成用のLEDライトで補光しましょう。

コーデックスについて
よくある質問に
お答えします。

Q 葉先が枯れ込む

コーデックスの葉先が枯れ込んできました。大丈夫でしょうか。

A 心配ないが、生育期なら十分な水やりを

葉先が枯れ込むのは、葉からの蒸散と根からの吸水のバランスが崩れているためです。コーデックスの多くは乾燥に強く、葉先が枯れ込む程度なら大きなダメージにはならないので、特に手当ては必要ありません。生育期にしっかり水やりしましょう。

光が強すぎるのも問題です。半日陰を好む種類を直射日光が当たる場所に置くと、やはり葉先が枯れ込むことがあります。特に夏場は、そのコーデックスが好む光量になるよう遮光ネットなどを使って調整しましょう。

Q 葉の黄変への対処法

アデニウムの葉が黄色くなります。どうすればよいでしょうか。

A 夏に葉が黄色くなる原因は水不足

アデニウムは夏型で、冬は葉を落として休眠するので、秋、落葉前に葉が黄色くなるのは正常です。

夏の生育期に葉が黄色くなる原因として考えられるのは、まず水不足です。旺盛に生育する時期に水が足りないと、下葉から黄色くなって落ちてしまいます。生育期は十分に水を与えましょう。

ただし過湿になると根が傷んで水を十分に吸収できなくなり、その結果、植物の体は水不足となって、同様に下葉から黄色くなって落ちてしまいます。水やりは「用土の表面が乾いたらたっぷり」が目安です。

通風不足も葉が黄色くなる原因の一つです。蒸れて葉が傷まないよう、生育期は風通しのよい場所で管理しましょう。

さらに、ハダニも原因となることがあります。吸汁されると、初め葉の表面に白いかすり状の模様が現れ、やがて葉全体が黄色くなります。

ふだんから葉裏などをよく観察し、見つけたら花き類・観葉植物に適用のある殺ダニ剤で駆除しましょう。

ハダニの被害で薄く変色してしまったアデニウム・アラビクムの葉（写真ではわかりにくいが、白っぽく見える丸囲み内の葉）。

コーデックス 栽培Q&A

Q 塊茎が腐ってきた

コーデックスの塊茎の一部が腐ってしまったようです。対策はありますか。

A 腐った部分を切除して乾かす

塊根や塊茎に腐れが入ると助かる可能性は低いですが、程度が軽ければ、腐った部分を切除して乾かしてやります。こうすると、アデニウムなどは比較的助かる確率が高いようです。

ただしそれも生育期の話で、塊根や塊茎に腐れが入るのは休眠期や生育停止期に多いもの。例えばアデニウムなどの夏型種なら、冬の低温の時期に長時間ぬれているとそこから腐ってきます。腐った箇所を切除しても、生育が止まっているのでなかなか傷口がふさがらず、そこからさらに腐ってしまうことが少なくありません(78ページ参照)。幹に腐れが入ったりしないよう、ふだんから管理に注意しましょう。

株元に腐れが入ったゲラルダンサス・マクロリズス。用土の際の株元が濃く変色しているが、まだ程度が軽いので回復が可能。

Q 植え替え時には根を切る?

植え替えのとき鉢から抜いたら、根が鉢の中いっぱいに伸びていました。根を切って植え替えたほうがよいでしょうか。

A 主根や太い根は切らない

植え替えの際には、腐った根、枯れた根は必ず切除します。生きている根は、細かい根は切ってもかまいませんが、まっすぐ伸びている主根や太い根は切らないほうがよいでしょう。多少切っても枯れることは少ないですが、生育の回復に時間がかかることがあります。

根を切ったら必ず切り口を乾かしてから、乾いた用土で植えつけることが大切です。切った根が細かいものだけなら数日〜1週間、太い根も切った場合には1〜2週間、風通しのよい日陰で乾かしましょう。

Q 徒長してしまった

日照不足で徒長してしまいました。どうしたら姿をよくできるでしょうか。

A 塊根や塊茎の徒長は元に戻せないが……

塊根や塊茎から伸びた枝が徒長したのであれば、徒長した部分を切り戻して、新しい枝を出させましょう。ただし、置き場の環境がそのままでは再び徒長してしまいます。まずは置き場の日当たりと風通しを改善することが大切です。

日照不足で細長くなってしまったのが塊根や塊茎そのものだと、元に戻しようがありません。でも悲観するのは早すぎます。そのまま栽培を続ければ、やがて徒長した部分が逆におもしろい姿を見せてくれるかもしれません。持っている株の個性を大切にして自分なりに楽しむのも、植物とのつき合いの奥深いところです。

Q　日当たりのよい窓辺がない

植物を置くのに適した日当たりのよい窓辺がなく、冬に室内に取り込んだコーデックスに日光を十分に当てることができません。どうすればよいでしょうか。

A　いざとなればLEDライトで補光

　休眠・生育停止中の夏型種や春秋型種なら、日光が当たらない場所でも冬越しさせることは可能です。ただし、本来は休眠中でも十分に日に当てたほうがよいので、可能なかぎり当ててやりましょう。

　一方、冬型種は生育期なので十分な日光が必要です。ひどく冷え込む日以外は日中だけ戸外に出して、寒風を避けられる日だまりなどを探し、日に当ててやるとよいでしょう。ただし、冬型種といっても、日本の冬の寒さに強いわけではありません。夕方には必ず室内に取り込むようにします。

　戸外への出し入れが難しい場合は、植物育成用のLEDライトで補光を考えましょう。最近はかなり強力なライトも市販されているので、光量を補うためならコーデックスにも使えます。タイマーで点灯・消灯

を管理すれば手間もかかりません。

Q　塊茎がへこんでしまう

パキポディウムの塊茎がへこんでしまいました。回復させる方法はありますか。

A　根の状態を確認し、症状に応じて対処

　鉢からそっと根鉢を抜いて、根の状態を確認しましょう。根が健康なのに塊茎がへこむ場合は水不足です。水を適切に与えていれば、やがて回復します。すべての葉を基部から半分ほど残して切り落とし、蒸散量を減らすのも回復に効果があります。

　根が茶色く傷んでいたら、それが原因で十分吸水できず、水不足になっています。用土を落として傷んだ根をすべて切除し、数日から1週間ほど雨の当たらない風通しのよい日陰で乾かしてから、新しい用土で植え替えます。健康な根が伸びてくれば、時間はかかりますが、へこみが回復するかもしれません。

塊茎の一部がへこんでしまった（丸囲み内）パキポディウム・グラキリウス（象牙宮）。丸く太った塊茎の魅力がそがれてしまった。

コーデックス 栽培Q&A

Q 未発根株の扱い方

輸入ものの未発根株を入手しました。どう育てたらよいでしょうか。

A 発根するまで乾かし気味に育てる

根がほとんどない状態なので、さし木（84ページ参照）やかき子（85ページ参照）の作業をするときと同様の環境を整えることが大切です。

鉢に植えつけたあとは、明るい日陰で生育適温を保って管理します。水やりは、発根するまでは乾かし気味に保つのが基本です。しかし、コミフォラやオペルクリカリアの一部の種のように多湿気味のほうがよいものや、ケラリアのように腰水で管理したほうがよいものもあります。

発根すると水を吸収できるようになるので、株に張りが出てきたり色が鮮やかになってきたりします。ただし、根がなくても株が蓄えていた力で芽吹くことがあるので、葉が出ても発根しているとは限りません。この点はくれぐれも注意しましょう。一般的に、葉だけでなく枝も伸び始めたら、発根も始まっていると考えてよいでしょう。

Q 用土の中の乾き具合を知る方法

用土の中の乾き具合がわからず、水やりのタイミングがつかめません。乾き具合を知るいい方法はありますか。

A 割り箸や竹串などを使う

夏型種の場合、夏に水やりが多くても問題ありませんが、冬に過湿にするのは厳禁です。また、夏型種以外のものは、夏はもちろんのこと、生育期でも極端に過湿にすると根腐れを起こしかねません。また、未発根株を植えつけてから発根するまでの間なども乾かし気味に管理する必要があります。そのような点から、用土の中の乾き具合を知ることは重要です。

プラスチック鉢に植えてあるなら、鉢が軽いので持ったときの重さの変化で湿り具合を推測することも可能です。水やりしたときの重さをよく覚えておきましょう。でも、陶器製の鉢の場合、鉢が重たいので変化をつかみにくいかもしれません。

そんなときは、昔からよく行われてきた方法ですが、竹串や割り箸などを鉢に差し込んでおき、確認したいときに抜いて串や箸の湿り具合を調べるのが、簡単でおすすめです（101ページ参照）。

パキポディウム・ビスピノーサムの未発根株。植物を輸入する際には、検疫を通すため根を切除し、用土をすべて洗い流して持ち込まれる。

用語解説

本書で使われている
主な用語を
解説します。

アルカロイド

植物がもつ、チッ素を含むアルカリ性の化合物の総称。毒性のあるものが多い。

維管束（いかんそく）

植物体の根から成長点まであらゆる部分を貫いて通っている組織で、水や養分などの通り道になる。木部と師部の配列で構成される。

ウォータースペース

鉢土の表面から鉢の上縁までの空間のこと。水やりの際に一時的に水がたまるスペース。

園芸品種、種間交雑種

分類階級の品種（変種）ではなく、園芸品種は、栽培種のなかから特徴的な個体を交配したり選抜したりすることで人為的に作出された品種。種間交雑種は、人為的あるいは自然に、異なる種間で交配された雑種。

塊茎（かいけい）、塊根（かいこん）

養分や水分を蓄えるために発達した植物の栄養器官で、地下茎や茎の地際部が肥大したものが塊茎、根が肥大したものが塊根。外見では判別しにくいが、維管束の配列などから区別できる。

活着（かっちゃく）

植えつけや植え替えをした株、さし木した枝などが根づいて成長を始めること。つぎ木した台木と穂木が接着して穂木が成長を始めることも指す。

休眠、生育停止

どちらも、寒さなどの厳しい環境に耐えるために植物が生育を止めることを指す。生育停止している株は、気温が上がるなど生育に適した条件になると生育を再開するが、休眠した株は、生育に適した条件になっても、一定期間寒さなどに当たらないと生育を再開しない。

形成層（けいせいそう）

茎や根の皮層のすぐ内側にある分裂組織。ここの細胞層が活発に分裂することで茎や根が肥大成長する。

固有種（こゆうしゅ）

特定の国や地域にしか生息、生育していない生物の種のこと。

雌雄異株（しゆういしゅ）、雌雄異花同株（しゆういかどうしゅ）

雄花をつける雄株と雌花をつける雌株がある種類を雌雄異株という。雄株、雌株には分かれておらず、雄花と雌花を1つの株につける種類を雌雄異花同株という。

舌状花（ぜつじょうか）

キク科の花を指す用語。キク科の花は1つの花のように見えるが、じつは小さな花（小花）が多数集まってできている（頭状花序）。外周にある花びらのような小花が舌状花。中心部の小花を筒状花という。

托葉（たくよう）

葉柄のつけ根につく葉状のもので、葉の一種。普通はごく小さ

く、葉が成長すると落ちる場合が多い。

断水

水やりをまったく行わないこと。

徒長（とちょう）

主に日照不足が原因で、茎が通常よりも細く長く伸びること。葉の間隔も長くなり間延びする。通風不足、水や肥料の過剰も徒長を助長する。

半日陰、明るい日陰

1日数時間以上木漏れ日がさし込むような日陰が半日陰。直射日光は入らないまでも、周囲が開けていて間接光が入る日陰が明るい日陰（＊本書の定義）。

変種（へんしゅ）

生物の分類階級で、同一種だが、基本種と形態的に少し違いのあるもの。

実生（みしょう）

タネをまいて苗をつくること。またはその苗のこと。

稜（りょう）

サボテンの茎の頂部から根元にかけてできる峰のような隆起のこと。同じような形態をしたユーフォルビアなどの多肉植物にも見られる。

鱗茎（りんけい）

多肉化した葉が多数重なった栄養器官で、ユリやタマネギの球根が代表的なもの。

コーデックス種名索引

本書に写真を掲載した
コーデックスの種名（学名のカタカナ表記など）を
五十音順に一覧にしました。

ア行

アダンソニア・フニー ················ 96
アデニア・グラウカ ················· 33
アデニア・グロボーサ ·········· 33、99
アデニア・スピノーサ ··············· 33
アデニウム・アラビクム 33、68、78、`05
アポニア・アルストニー ·············· 34
アポニア・クイナリア ················ 34
アロイデンドロン・ディコトマム ······ 93
アローディア・プロセラ ·············· 34
イポメア・ホルビー ·················· 45
ウンカリーナ・ルーズリアナ 50、87、89
エリオスペルマム sp. aff. マッケニー 41
オトンナ sp. aff. ハリー ············· 76
オトンナ・トリプリネルビア ·········· 25
オトンナ・ヘレイ ···················· 25
オトンナ・ユーフォルビオイデス ······ 24
オトンナ・レトロルサ ················ 25
オトンナ・レピドカウリス ············ 25
オペルクリカリア・デカリー ·········· 47
オペルクリカリア・パキプス ·········· 97

カ行

キフォステンマ・ウター・マクロブス 37
キフォステンマ・キルロスム ·········· 56
キフォステンマ・バイネシー ·········· 11
キフォステンマ・ペティフォルメ ······ 38
キフォステンマ・ユッタエ ············ 37
キルタンサス・オブリクス ········ 40、51
キルタンサス・スピラリス ············ 40
クッソニア・ズルエンシス ············ 60
クッソニア・ナタレンシス ············ 66
クッソニア・パニキュラータ ·········· 37
クマラ・プリカティリス ·············· 44
ケラリア・ピグマエア ··········· 11、39
ゲラルダンサス・マクロリズス 44、106
コミフォラ・カタフ ·················· 35
コラロカルプス・グロメルリフロルス 39

サ行

ザミア・フルフラケア ············ 7、50
ザミア・フロリダーナ ················ 50
シンニンギア・レウコトリカ ·········· 50
センナ・メリディオナリス ········· 1、48

タ行

チレコドン・パニキュラツス ·········· 58
チレコドン・ブッコルジアヌス ········ 31

チレコドン・ペアルソニー ············ 30
チレコドン・レティキュラツス ····· 31、96
チレコドン・ワリキー ················ 31
ディオスコレア・エレファンティペス 7、41
ディディエレア・マダガスカリエンシス 74、96
ドルステニア・ギガス ················ 40
ドルステニア・フォエチダ ············ 40

ハ行

パキポディウム 伊藤ハイブリッド ···· 21
パキポディウム・イノピナツム ········ 20
パキポディウム・ウィンゾリー ········ 19
パキポディウム 恵比寿大黒 21、88、89
パキポディウム・グラキリウス
················ 6、23、94、101、107
パキポディウム・サウンデルシー ······ 10
パキポディウム・サキュレンタム ······ 64
パキポディウム 'タッキー' ······· 11、20
パキポディウム・デンシフローラム
···················· 12、23、95
パキポディウム・ナマクアナム ········ 22
パキポディウム・ビスピノサム 20、108
パキポディウム・ブレビカウレ
···················· 20、58、90、96
パキポディウム・ホロンベンセ 62、70、80
パキポディウム・マカイエンセ ········ 23
パキポディウム・ラメレイ 23、81、90、95
ピレナカンサ・マルビフォリア ········ 49
フィカス・ペティオラリス ············ 42
フィランサス・ミラビリス ············ 49
フィルミアナ・コロラータ ············ 42
フォークイエリア・コルムナリス ······ 43
フォークイエリア・プルプシー ········ 42
フォッケア・エドゥリス ·············· 42
プセウドボンバックス・エリプティクム ··· 48
プセウドリトス・ミギウルティヌス ····· 49
フーディア・ゴルドニー ·············· 45
プテロディスクス・スペキオーサス ····· 49
ブーフォネ・ディスティカ ············ 36
ブラキステルマ・プロカモイデス ······ 35
ブルセラ・ファガロイデス ············ 36
プレクトランサス・エルンスティー
···················· 64、84、91
ベイセリア・メキシカーナ ············ 32
ペトペンチア・ナタレンシス ·········· 47
ペラルゴニウム・カルノスム ·········· 29
ペラルゴニウム・トリステ ····· 6、11、29
ペラルゴニウム・ミラビレ ············ 28
ペラルゴニウム・ルリダム ············ 29

ボウイエア・ボルビリス ········ 7、36、86
ボスウェリア・ネグレクタ ············ 62

マ行

メストクレマ・チュベローサム ········ 45
モナデニウム・グロボースム ·········· 47
モナデニウム・リチエイ錦 ······· 47、70
モンソニア・クラシカウリス ·········· 27
モンソニア・バンデリエチアエ ····· 6、27
モンソニア・ヘレイ ·················· 27
モンソニア・ムルチフィダ ············ 26

ヤ行

ヤトロファ・カサルティカ ········· 10、45
ユーフォルビア・イルミネス ·········· 69
ユーフォルビア・エクロニー ·········· 56
ユーフォルビア・オベサ ·············· 16
ユーフォルビア・カナリエンシス ······ 15
ユーフォルビア 峨眉山 ······ 15、70、85
ユーフォルビア・ガムケンシス ········ 17
ユーフォルビア・キリンドリフォリア ··· 15
ユーフォルビア・クリスパ ············ 60
ユーフォルビア・グロボーサ ·········· 16
ユーフォルビア 子吹きシンメトリカ
···················· 18、70、85
ユーフォルビア・ゴルゴニス ·········· 16
ユーフォルビア・ショーンランディー 94
ユーフォルビア・シレニフォリア ······ 78
ユーフォルビア・スザンナエ ·········· 12
ユーフォルビア・ステラータ ··· 6、10、18
ユーフォルビア 蘇鉄麒麟 ············ 68
ユーフォルビア・デカリー・スピロスティカ
···················· 15、82、83
ユーフォルビア・トゥレアレンシス ····· 16
ユーフォルビア・トリカデニア ········ 18
ユーフォルビア・バリダ ·············· 17
ユーフォルビア・ブプレウリフォリア
···················· 14、87
ユーフォルビア・ポリゴナ 'スノーフレーク'
···················· 5、18
ユーフォルビア・ホリダ ·············· 11

ラ行

ラリレアキア・カクティフォルミス ····· 46
レデボウリア・ウンデュラータ ········ 72

コーデックス・ショップ一覧

コーデックスが買える全国の
主なショップを紹介します。
他にも各地の園芸などで取り扱う
場合があるので、探してみてください。

堀川カクタスガーデン

〒381-2225 長野県長野市篠ノ井岡田1663-10
☎026-292-5959
営業時間／9:00〜17:00
定休日／水曜日（事前に電話確認を）
https://h-cactus.com/

信州西沢サボテン園

〒399-0705 長野県塩尻市大字広丘堅石392-8
☎0263-54-0900
営業時間／8:30〜17:00
定休日／月曜日（事前に電話確認を）
http://nishizawacactus.sakura.ne.jp/

カクタスブライト

〒312-0002 茨城県ひたちなか市高野2592-18
☎090-3082-0422
営業時間／9:00〜11:30　13:00〜17:00
定休日／木曜日（事前に電話確認を）
http://cactusbright.sakura.ne.jp/

SABOSABO STORE

〒292-0063 千葉県木更津市江川958
☎090-1609-1788
営業時間／10:00〜16:00
定休日／月・火・木・金曜日（祝日の場合は営業）
http://www.sabosabo-store.jp/

二和園

〒285-0844 千葉県佐倉市上志津原258
☎090-3315-6563
営業時間／7:00〜17:00
定休日／不定期（事前にホームページで確認を）
https://yukicact.sakura.ne.jp/

グランカクタス

〒270-1337 千葉県印西市草深天王先1081
☎0476-47-0151
営業時間／9:00〜17:00
定休日／月〜木曜日（金土日のみ営業）
http://www.gran-cactus.com/

鶴仙園

〔駒込本店〕
〒170-0003 東京都豊島区駒込6-1-21
☎03-3917-1274
営業時間／10:00〜17:00
定休日／火曜日（毎月の営業日はホームページで確認）
〔西武池袋店〕
〒171-8569 東京都豊島区南池袋1-28-1
　　西武池袋本店9階屋上
☎03-5949-2958
営業時間／10:00〜20:00
定休日／年中無休（悪天候等による臨時休業を除く）
http://sabo10.tokyo/

山城愛仙園

〒561-0805 大阪府豊中市原田南1-10-7　3階
☎06-6866-1953
営業時間／10:00〜17:00
定休日／月〜金曜日
（土日、祝日のみ営業。平日の来園には電話予約が必要：090-1074-6857）
http://www.aisenen.com/
楽天市場店「とげ家」
https://www.rakuten.co.jp/togeya/

たにっくん工房（ネットショップのみ）

〒632-0000 奈良県天理市144-4
☎050-8022-1502
Email：tanikkunkoubou@gmail.com
たにっくん工房オンラインファーム
https:// tanikkunkoubou.com/

カクタス・ニシ

〒649-6272 和歌山県和歌山市大垣内663
☎073-477-1233
（小売りは土日、祝日のみ。来園には電話予約が必要）
http://www.cactusnishi.com/

Plant's Work

〒751-0867 山口県下関市延行562-1
☎090-4102-2919
定休日／月曜日（来園の際は電話かインスタグラムで予約を）
https://www.instagram.com/plants_work/

※掲載の情報は2019年10月現在のものです。また、いずれの店も定休日とは別に臨時休日などもあります。
※訪問する際は、営業日か否かを事前にホームページで確認するか電話でお問い合わせください。

NHK 趣味の園芸

12か月栽培ナビ NEO

多肉植物
コーデックス

2019年11月15日 第1刷発行
2025年 6 月30日 第9刷発行

著者／長田 研
©2019 Osada Ken
発行者／江口貴之
発行所／NHK出版
〒150-0042
東京都渋谷区宇田川町10-3
電話／0570-009-321（問い合わせ）
　　　0570-000-321（注文）
ホームページ
https://www.nhk-book.co.jp
印刷／TOPPANクロレ
製本／ブックアート

乱丁・落丁本はお取り替えいたします。
定価はカバーに表示してあります。
本書の無断複写（コピー、スキャン、デジタル化など）は、
著作権法上の例外を除き、著作権侵害となります。
Printed in Japan
ISBN978-4-14-040285-6　C2361

長田 研

おさだ・けん／1975年、静岡県生まれ。バージニア大学（アメリカ）で生物と化学を専攻。多肉植物やサボテン、球根などを扱うナーセリー「カクタス長田」で園芸植物の生産、輸出入に携わる。扱う植物に関する専門知識、生産体制は国内トップレベル。

アートディレクション
岡本一宣
デザイン
小堅田尚子、加瀬 梓、
木村友梨香、佐々木 彩
（O.I.G.D.C.）
撮影
田中雅也
写真提供
長田 研、Petr Pavelka
取材・撮影協力
カクタス長田、鶴仙園
DTP
滝川裕子
校正
安藤幹江
編集協力
髙橋尚樹
企画・編集
加藤雅也（NHK出版）